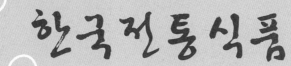

한국전통식품

김영희 · 권선진 공저

머리말

　인간의 삶에 밀착된 주변 문화는 시대를 따라 계속 변화하고 있으며 음식문화도 예외는 아니다. 편리성과 간편함으로 각광받던 패스트푸드의 위해성이 밝혀지면서 근래에는 조리에 많은 시간과 정성이 요구되는 슬로우푸드 쪽으로 관심이 바뀌고 있다. 이러한 변화는 한때 우리의 전통식품이 잊혀질 것을 우려했던 선배학자들의 염려를 크게 덜어주기도 했다.

　한국의 전통식품은 오랜 세월 한국적 풍토와 기후에 맞도록 변화되어 왔고, 무엇보다도 한국인의 몸에 적합하도록 발전해 왔다. 그러나 광복 이후 계속된 서구문명의 유입과 산업 발전으로 전통적 식생활이 점차 사라지게 되었고, 더욱이 각종 가공식품 및 인스턴트식품의 범람, 잦은 외식 등으로 인해 장류는 물론, 김치류 등의 발효식품 뿐만 아니라 급기야 밥류, 죽류 등 주식까지도 구매해서 먹는 실정이 되었다. 그러나 이런 가운데서도 일부 학자들은 전통식품에 관심을 갖고 꾸준히 연구해왔으며 그 성과는 오늘날 전통식품에 대한 인식을 새롭게 바꾸는 데 크게 기여하고 있다. 이로 인해 많은 전통식품들이 우수성과 탁월성을 인정받아 제자리를 찾아가고 있다.

　누구나 공감하는 사실이지만 전통식품은 우리 스스로가 그 가치를 인정해야 하고 조리법도 계속 전승해 나가야 한다. 그것이 한국인의 건강을 지키는 지름길이며, 나아가 글로벌 시대에 가장 경쟁력 있는 국가적 자산이 될 것을 믿기 때문이다.

　필자는 약 20년 전부터 〈한국전통식품과학〉 강의를 하면서 그동안의 강의자료와 지금까지 학계에서 발표된 연구들을 참고하여 본서를 엮게 되었다. 이 책은 전통식품 중 우리의 식생활에서 많이 이용되고 있는 것들을 다루었고, 각 전통식품은 식문화사적인 배경과 식품의 성분, 그리고 현재 알려진 기능적인 특성을 기본적인 내용으로 꾸몄으며, 일부는 만드는 방법에 대해서도 설명하였다.

　우리 전통식품을 쉽게 접할 수 있기를 바라면서 내용을 정리하였지만 많은 부분에 미흡함을 느낀다. 여기에서 다루지 못한 전통식품에 대해서는 앞으로 더 추가하고, 부족한 부분은 여러분의 지적과 도움으로 계속 보완해 나갈 것이다.

　끝으로 자료 정리를 도와준 손미령 박사와 좋은 사진을 제공해준 전필준, 이영훈, 정종석, 한승식, 이종락 선생과 우리술문화연구원, 영광군청, 홍성군청, 영양군청, 양산시청 관계자 여러분에게 감사드린다. 또한 출판을 도와주신 도서출판 효일 임직원 여러분께 고마운 마음을 표한다.

저자 일동

차례

제1장

곡류를
이용한
전통식품

제1절 곡류 이용 식품

1. 오곡밥

1) 식문화사적 배경

(1) 벼농사의 유래

우리나라의 벼농사는 마한시대에 벼를 재배했다는 기록에 근거하여 청동기시대 초기에 중국에서 농경기술이 도입된 것으로 추정되어 왔다. 그러나 김포시 통진읍 가현리 일대에서 기원전 2100년대의 볍씨가 출토되고 또 고양시 일산에서도 기원전 2400년대의 볍씨가 출토되어, 벼농사가 이미 신석기시대에 시작된 것으로 추측되었다.

[그림 1-1] 벼

그런데 이 볍씨는 모두 토탄층에서 출토된 것이어서 야생종인지 농경용인지 가늠하기 어려웠는데, 1991년 고양시 기와지에서 출토된 볍씨가 4500~5000년 전의 재배 볍씨로 밝혀지고, 2002년 충북 옥천의 대천리 신석기시대 집터에서 쌀, 보리, 밀, 조, 기장 등이 출토되면서 농경시대의 시작이 신석기시대였음이 확실히 밝혀지게 되었다. 또한 오곡밥의 기원도 신석기시대부터였음을 추측할 수 있다.

이 후 철제농기구의 이용 및 우경법(牛耕法)의 개발, 새로운 토기의 사용 등으로 농경기술이 발달하게 되어 삼국시대에는 지역별 재배 특성에 따라 백제는 '벼', 신라는 '보리', 고구려는 '조'를 주로 생산하였다. 이후 5~6세기 경, 통일신라 때 본격적으로 벼농사가 도입되었다.

벼가 5000여 년의 오랜 역사 동안 우리 국민의 주식작물로 재배된 것은 벼의 농업적 적응성뿐만 아니라 화곡류(禾穀類: 미곡, 맥류, 잡곡) 중에서 가장 영양이 우수하고 소화흡수가 용이하며, 맛이 있어서 우리의 입맛에 적합하기 때문이다.

[그림 1-2] 벼 건조

(2) 밥 짓기의 유래

밥을 짓는 것은 곡물을 익혀서 전분을 호화(糊化)시키는 요리법으로, 초기에는 곡식의 낱알이 단단하여 쉽게 익지 않아서 갈돌로 가루를 내어 죽을 만들어 먹었다. 그러나 당시의 토기는 단단하지 못하여 장시간 가열하면 죽에 흙냄새가 배어 나왔다.

　이후 이러한 토기의 단점을 보완한 시루가 발명되면서 곡물을 쪄서 익히는 증숙법을 이용하였다. 우리나라에서는 청동기시대 유적에서 삼국시대 유적에까지 시루가 많이 등장하므로 이 시기에는 시루가 주요 조리 기구였으리라고 짐작되며, 따라서 밥도 증숙밥(蒸熟飯)이었다고 볼 수 있다.

　지금까지 이어져 오는 대표적인 증숙밥은 약식이다. 약식의 주재료인 찹쌀은 물을 붓고 열을 가하면 쉽게 풀처럼 변하게 된다. 찹쌀은 흡수가 잘되고 밥물 양이 멥쌀보다 적다(가수량: 찹쌀 0.7~1.0배, 멥쌀 1.3~1.5배). 가수량이 적으므로 불린 후 남아 있는 물의 양이 적어서 멥쌀과 같은 방법으로 밥을 짓기가 어렵다. 그러나 수증기로 찌면 쌀 낟알 사이로 수증기가 스며나오고 중간에 물을 보충해 주므로 충분히 호화된다.

　삼국시대 후 5세기 후반에서 6세기 초(약 1500년 전)에 이르러 철로 된 무쇠 솥을 쓰게 되었는데 이때부터 지금과 같은 밥을 짓기 시작한 것으로 보고 있다.

　밥을 짓는 방법도 점차 발달하여 청나라의 장영(張英)은 『반유십이합설(飯有十二合說)』에서 다음과 같이 이야기하고 있다.

　"조선 사람들은 밥 짓기를 잘 한다. 밥알에 윤기가 있고 부드러우며 향긋하고 또 솥 속의 밥이 고루 익어 기름지다. 밥 짓는 불은 약한 것이 좋고 물은 적어야 한다는 것이 이치에 맞는다. 아무렇게나 밥을 짓는다는 것은 하늘이 내려주신 물건을 낭비하는 결과가 된다."

　밥을 짓는 것은 단순히 물을 넣고 가열하여 삶는 것과는 다르다. 적당량의 물과 쌀을 솥에 넣어 가열하면 쌀이 먼저 삶아지면서 수분이 줄고 그 다음 솥 안의 수증기에 의해 뜸이 든다. 이 뜸을 적당히 들임으로써 쌀알의 내부까지 호화가 일어나서 맛있는 밥이 된다.

　가마솥 밥이 맛이 있는 이유는 최상의 열효율에 있다. 솥의 바닥이 넓고 둥글어 장작의 화력이 고루 전달되고, 또 솥이 두꺼워서 열이 새나가지 않는다. 따라서 최상의 뜸이 드는 것이다.

　이때 솥 밑바닥은 수분이 없어져 100℃가 넘게 되는데 밑바닥의 쌀이 눌으면서 구수한 맛이 나게 된다. 솥에 수분이 남아 있을 동안은 가열해도 100℃ 이상은 되지 않으나 수분이 없어지면 온도가 상승하며, 200℃~250℃에서 3~4분 정도 가열할 때 갈변이 일어나 누룽지가 된다. 갈변한 누룽지의 전분은 포도당,

덱스트린 등으로 분해되고 이때 구수한 냄새 성분도 생성된다.

솥에 붙어 있는 누룽지에 물을 부어 끓여서 숭늉을 만들어 마셨는데 숭늉의 향기는 주로 피라진(pyrazine) 화합물과 카보닐(carbonyl) 화합물로 구성되어 있다.

(3) 오곡밥의 유래

농경생활의 정착과 도구의 발달로 밥 짓는 것이 일반화되었으나 지역에 따라 밥의 내용이 조금씩 달랐다. 기후가 따뜻한 남쪽에서는 쌀밥과 보리밥을 주로 먹었고 북쪽지방에서는 조밥을 많이 먹었으며 강원도에서는 고구마를 밥에 섞어 먹었다. 이렇게 각 지역에서 많이 나는 곡물을 쌀에 섞어 밥을 지어먹었다.

따라서 여러 종류의 잡곡밥이 개발되어 보리밥, 찰밥, 차조밥, 팥밥, 콩밥, 오곡밥 등을 즐겨 먹었다. 팥밥도 붉은팥은 삶아서 혼용하고 거피팥은 반으로 타서 쌀과 함께히는 등 잡곡을 다양하게 이용하였다. 특히 오늘날에는 정월 보름의 절식으로 쌀, 수수, 조, 검정콩, 팥으로 오곡밥을 지어 먹는데, 오곡밥의 풍습은 약식에서 유래된 것으로 보고 있다.

경주 서출지에 얽힌 이야기에 의하면 신라 소지왕 10년 정월 보름날, 왕이 천천정(天泉亭)으로 행차하였을 때 까마귀가 날아와 모반의 위기를 모면하도록 암시해 주어 급히 환궁하여 왕위를 지킬 수 있었다고 한다.

[그림 1-3] 약식

이후로 정월 보름을 오기일(烏忌日)이라 정하고 역모를 알려 준 까마귀의 은혜에 보답하기 위하여 까마귀가 좋아하는 대추를 넣어 검은색의 약식을 지어 제를 지냈다. 꿀은 옛날부터 약이라 하여 꿀을 넣은 밥을 약반이라 부르게 되었다. 신라시대에는 대추를 넣은 찹쌀밥을 먹었고 시간이 흐르면서 견과류 등을 넣게 되어 고려시대 이색의 『목은집(牧隱集)』에는 찰밥에 꿀, 기름, 잣, 밤, 대추 등을 넣었다는 기록이 있다.

서민들은 값비싼 재료가 많이 들어가는 약식보다는 손쉬운 오곡밥으로 대신하게 되었고 오늘날 이것이 일반화된 것으로 추측된다. 정월 보름인 상원절(上元節)에는 세 집 이상의 타성(他性) 집 밥을 먹어야 그 해의 운이 좋다고 하여 오곡밥을 서로 나누어 먹는 풍습이 있었다.

2) 오곡밥에 이용되는 곡식

오곡밥에는 통상 쌀, 수수, 조, 검정콩, 팥 등의 오곡이 이용되나 경우에 따라서는 다른 잡곡을 섞기도 한다. 곡류는 탄수화물 식품으로 중요한 에너지원이며, 수분 함량이 적고 외부에 단단한 껍질이 있어 장기저장이 가능하고 유통이 간편하여 모든 식품재료 중 가장 중요한 식량이라고 할 수 있다.

곡류의 구조는 대체로 [그림 1-4]와 같으며 과피, 종피, 호분층, 배유, 배아로 되어 있는데 겉에서 호분층까지를 쌀겨(미강)층이라 하고, 그 안에 배유가 있다. 곡류는 배유가 약 80%를 차지하며 나머지는 배아와 쌀겨층으로 이루어져 있다.

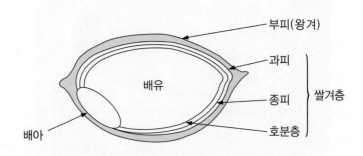

[그림 1-4] 곡류의 구조

배유는 거의 탄수화물(대부분 전분)이며 배아와 쌀겨층에는 비타민, 무기질, 단백질, 지질 등이 함유되어 있다. 따라서 곡류는 대부분이 전분인데 감자류와 같은 지하전분과는 달리 전분입자가 작고 치밀하여 팽윤이나 호화가 더디다.

(1) 쌀(Rice, *Oryza sativa* L.)

벼는 아열대 기후에서 잘 자라는 곡물로 원산지는 인도이지만 품종개량과 재배기술의 발달로 온대지역에서도 재배가 가능하게 되었다. 세계 총 생산량의 80%가 아시아에서 생산되며 나머지는 미국, 호주, 유럽, 아프리카 등에서 생산되고 있다.

① 쌀의 품종과 특성

벼의 품종은 종류가 대단히 많으나, 크게 우리나라가 먹고 있는 일본형(Japonica type)과 아열대지역에서 재배하는 인도형(Indica type)으로 구분된다. 이 두 가지는 쌀알의 모양, 식미, 식감에 현저한 차이가 있어서 각 민족의 식습관에 따라서 밥을 짓는 방법, 향미에 대한 기호 등이 크게 다르다.

일본형 벼는 단립미(短粒米, short grain)로 키가 작고 쌀알이 둥글고 굵으며 밥을 지었을 때 끈기가 강하다. 즉 전분의 세포막이 얇아서 쉽게 파괴

일본형	인도형
(Japonica Type)	(Indica Type)
단립미	장립미

[그림 1-5] 일본형과 인도형 쌀의 형태

되므로 밥을 지으면 전분이 세포 외부 방출로 호화되어 점성이 있으며 부드럽고 윤기가 나며 맛이 좋다. 주로 중국 양자강 하류, 한국, 일본, 대만, 이탈리아, 이집트, 캘리포니아 지역 등지에서 재배되고 있다.

인도형은 장립미(長粒米, long grain)로 키가 크고 쌀알이 길고 부스러지기 쉬우며 끈기가 약해서 밥이 윤기가 없으며 푸석거리고 맛이 떨어진다. 이것은 전분의 세포막이 두껍고 밥을 짓더라도 세포막이 파괴되지 않아 전분입자가 세포막 내에서 호화되기 때문이다. 인도를 비롯하여 베트남, 인도네시아, 필리핀, 이라크, 파키스탄, 태국, 멕시코, 남미의 북부지방 등에서 재배되며 세계에서 가장 많이 생산되는 쌀이다.

우리나라는 과거 수십 년 동안 쌀 부족국가였으나 1970년대 일본형과 인도형의 교배종인 통일벼를 생산하여 쌀 생산에 혁신을 가져왔다. 그러나 생산량은 괄목할 만한 성장을 하였으나 맛에서는 일반미에 뒤떨어져 점점 소비자로부터 외면받기 시작하였다.

이후 생산량이 떨어져 1978년에 총 생산량의 78%를 차지하던 것이 1991년에는 4.5%까지 급속하게 감소하였다. 이 과정에서 꾸준한 농업기반 시설의 확충 및 영농기술 개발에 힘입어 일반 벼의 수확량도 통일벼에 육박하는 생산기술을 갖추게 되었다.

도정도

쌀은 껍질의 도정률에 따라 현미, 5분 도미, 7분 도미, 백미 등으로 나눈다. 현미는 벼의 왕겨층만을 제거한 것이고, 현미에서 과피, 종피, 외배유, 호분층 등 쌀겨층을 제거하는 것을 도정이라고 한다. 백미는 현미에서 쌀겨 부분(8%)을 완전히 제거한 것으로 10분 도미라고 하며 도정률은 92%이다. 5분 도미는 쌀겨의 50%인 4%만을 제거한 것이고, 7분 도미는 쌀겨의 70%인 5.6%만을 제거한 것이다.

도정에 의해 쌀겨와 씨눈 등으로 줄어드는 양을 도감(搗減)이라 한다. 쌀의 도정도, 도정률, 도감과의 관계는 [표 1-1]과 같다.

[표 1-1] 쌀의 도정도, 도정률 및 도감(%)

도정도에 따른 쌀의 종류	도정도	도정률	도감
	현미에서 겨층을 제거한 정도	현미무게에 대한 도정된 쌀의 무게 비율	도정에 의해 줄어드는 양
현미	0	0	0
5분 도미	50	96	4
7분 도미	70	94.4	5.6
백미(10분 도미)	100	92	8

② 쌀의 일반성분

쌀의 도정 정도에 따라 일반성분의 함량과 소화율에 차이가 있다[표 1-2]. 일반적으로 도정을 많이 할수록 단백질, 지질, 무기질, 비타민, 섬유질의 함량이 감소하고 탄수화물 함량은 증가한다. 도정도가 높을수록 소화율이 높아진다.

[표 1-2] 쌀의 도정도에 따른 영양소 및 소화율

(가식부 100g 기준)

성분 종류	에너지 (kcal)	수분 (g)	단백질 (g)	지질 (g)	회분 (g)	탄수화물 (g)	무기질(mg)				비타민(mg)					소화율 (%)
							칼슘	인	철	칼륨	A(RE)	B_1	B_2	나이아신	C	
현미 (일미벼)	354	12.5	9.0	1.0	1.3	76.2	10	248	1.7	289	0	0.35	0.06	1.2	0	89.6
7분 도미	368	12.3	6.9	1.1	0.6	79.1	24	179	0.9	170	0	0.19	0.05	2.7	0	95.8
백미 (일미벼)	372	11.5	7.7	1.0	0.5	79.3	12	95	1.1	114	0	0.19	0.03	0.9	0	97.1
찹쌀 (화선찰벼)	375	11.1	9.5	2.6	1.6	75.2	9	303	2.1	307	0	0.40	0.09	2.9	0	

*식품성분표 제8개정판, 농촌진흥청

수분

쌀은 수분 함량이 15% 정도로 적절히 건조되어 있어서, 온도와 습도가 낮으며 통풍이 잘 되는 곳이면 거의 변하지 않는다. 그러므로 장기간 저장과 보관이 용이하며 수송하기도 쉽다. 또 건조된 쌀은 도정하지 않은 낟알 상태로 보관하는 것이 충해와 변질이 적다.

탄수화물

쌀은 탄수화물이 75% 내외로 그 대부분이 전분이다. 따라서 전분은 쌀의 주성분이며 쌀의 품질을 좌우하는데 핵심적인 역할을 한다고 할 수 있다. 전분은 아밀로오스(amylose)와 아밀로펙틴(amylopectin)으로 구성되어 있는 고분자 물질로서 특히 아밀로오스 함량은 밥의 특성과 밀접한 관계가 있다.

아밀로오스 함량이 많을수록 밥의 부드러운 정도, 찰진 정도, 색, 윤기 등이 저하되고 쉽게 굳어진다. 따라서 벼 육종에서 쌀의 아밀로오스 함량은 중요하며 통일벼의 품종 개량 시 아밀로오스 함량과 호화온도를 낮추는 데 주력하였다.

찹쌀과 멥쌀은 전분의 성질에서 크게 차이가 나는데, 멥쌀은 아밀로오스와 아밀로펙틴의 비가 2:8 정도인데 비해 찹쌀은 거의 아밀로펙틴만으로 이루어져 있다. 따라서 아밀로오스가 거의 없는 찹쌀로 밥을 지었을 때가 멥쌀로 지었을 때보다 훨씬 찰지고 부드러우며 윤기가 있다. 또 멥쌀은 찹쌀보다 당분과 덱스트린(dextrin)이 적어 단맛이 적다.

찹쌀의 전분은 성분상으로 덱스트린의 형태로서, 화학적으로는 멥쌀의 전분에 비해 당화가 빨라 소화 흡수가 용이하다. 그러나 떡으로 만들면 멥쌀 떡에 비해 조직이 치밀해지고 점성이 강해서 소화액의 침투가 어려워 소화가 잘 안 된다.

소화속도는 찹쌀이 빠르지만 소화율은 차이가 없다. 소화속도가 빠른 것이 반드시 소화율이 좋다고 할 수는 없다. 또 멥쌀과 달리 찹쌀이 유백색을 띠는 것은 배유 중의 전분의 충실도가 멥쌀에 비해서 떨어지고 건조하면 내부에 미세한 간격이 생겨서 나타나는 현상이다.

단백질

단백질은 쌀에 전분과 수분 다음으로 많이 함유된 성분이며, 벼의 품종에 따라 함량 차이가 있다. 찹쌀에는 약 7.4~9.5%, 멥쌀에는 약 5.7~7.7%가 함유되어 있다. 주요 단백질은 오리제닌(oryzenin)으로 전체 단백질의 60~70%를 차지한다. 그 외에 글로불린(globulin), 알부민(albumin), 프롤라민(prolamin) 등이 있다. 아미노산 조성은 라이신(lysine)이 가장 부족하고 트레오닌(threonine), 트립토판(tryptophan), 함황아미노산도 부족하여 결코 양호하다고 하기는 어렵지만, 단백가(protein score)가 78로서 밀, 옥수수 등 다른 곡류보다 우수한 편에 속한다.

지질

지질은 쌀겨에 20%나 함유되어 있으나 백미에는 약 1%에 지나지 않는다. 찹쌀의 지질 함량은 약 0.4~2.6%로 찹쌀이 멥쌀보다 총지질 함량이 많다고 할 수 있으나 품종에 따라 차이가 있다. 멥쌀과 찹쌀의 지방산 조성은 리놀레산(linoleic acid)이 주를 이루고 그 다음이 올레인산(oleic acid), 팔미트산(palmitic acid) 순이다. 이들 세 가지 지방산은 총지질 함량의 90% 이상을 차지하며 이 중 불포화지방산의 비율이 85% 정도로 비교적 품질이 좋은 편이다.

쌀겨에서 지질을 추출하여 미강유를 만들어 이용하는데 미강유에는 비타민 E가 많이 들어있어서 비타민 E 공급원으로 좋다. 또한 콜레스테롤 저하효과가 있는 식물성스테롤(phytosterol)과 항산화성물질인 오리자놀(oryzanol)을 많이 함유하고 있다.

무기질

무기질은 쌀겨층과 배아에 많아 도정도가 높아짐에 따라 현저히 감소되며 백미에는 약 0.5%가 들어있다. 인, 칼륨, 마그네슘이 많고 칼슘, 철이 부족하다.

비타민

쌀에는 비타민 A가 거의 없고 비타민 C 및 비타민 D는 전혀 없다. 항산화작용을 하는 비타민 E는 쌀겨에 함유되어 있다. 비타민 B_1은 배아에 많고 쌀겨에는 그 다음으로 많으며 배유에는 적다. 현미를 도정하여 백미로 하면 비타민 B_1의 손실률이 크다.

비타민 B_1은 체내의 에너지 생성과정에서 중요한 조효소로 작용하기 때문에 쌀 섭취로 체내 에너지 필요량의 상당 부분을 충당하는 우리 식사에서 매우 중요하다. 따라서 쌀에 인위적으로 비타민 B_1을 강화한 강화미를 만들거나, 배아를 남기고 도정한 배아미, 비타민의 손실을 막는 파보일드 라이스(parboild rice) 등을 만들기도 한다.

파보일드 라이스는 주로 동남아시아의 열대지방에서 벼 저장 시 변질되는 것을 막고 장립미 도정 시 많이 나오는 부스러기를 덜 생기게 하기 위하여 한 번 쪄서 건조한 것이다.

이 과정에서 쌀겨의 비타민이 배유 쪽으로 이동하여 비타민이 보존된다. 또 밥을 지었을 때 밥알의 모양을 유지하므로 통조림 밥이나 플레이크(flake) 쌀로 가공하기에 적당하다. 이것은 과거 식량이 부족할 때 덜 익은 벼를 쪄서 이용하던 우리의 찐쌀과 같은 것이다. 찐쌀은 감미가 있어 요즘도 간식으로 이용되고 있다.

(2) 조(서숙 foxtail millet, *Setaria italica*, Beauv.)

조는 다른 작물을 재배하기 힘든 산간지대에서도 잘 자라서 한때는 보리 다음

가는 밭작물이었으나 현재는 밀의 도입 등으로 사용이 줄고 경제성도 맞지 않아서 재배가 급속도로 줄어들고 있다. 현재는 주로 전남, 경북, 제주 등의 산간벽지에서 재배되고 있다. 조의 종류는 다양하나 우리나라의 경우 폭스테일 밀릿 (foxtail millet)을 주로 재배하고 있다.

조는 곡류 중에서 낟알이 가장 작으며 등색, 황색, 회색, 흑색 등 여러 색이 있다. 끈기가 있는 차조와 그렇지 않은 메조로 구분되며 도정 수율은 중량으로 70% 내외이다.

[그림 1-6] 조

성분은 단백질이 9.3%로 쌀보다는 많고 프롤라민과 글루테린(glutelin)이 대부분이며, 필수아미노산 중에서 류신(leucine)은 많이 들어있으나 라이신이 부족하다.

단백질은 적으나 다른 곡류에 비해 섬유질 및 칼슘 함량이 많고, 비타민 B군이 많은 편이며 전분은 63.8%이다. 섬유질이 많아 맛은 떨어지나 저장성이 좋아 장기 보존하더라도 맛이 변하지 않고 충해도 없다.

조는 도정하여 쌀과 섞어서 잡곡밥으로 이용하거나 소주의 원료로 사용되고 엿, 떡, 죽, 새의 모이로 이용되기도 한다. 조죽(서숙죽)은 열을 내리게 하는 효과가 있다고 알려져 있다.

[표 1-3] 차조와 차수수의 일반 성분

(가식부 100g 기준)

성분 종류	에너지 (kcal)	수분 (g)	단백질 (g)	지질 (g)	회분 (g)	탄수화물 (g)	무기질(mg)				비타민(mg)				
							칼슘	인	철	칼륨	A(RE)	B₁	B₂	나이아신	C
차조	366	12.2	9.3	3.0	1.5	74.0	17	301	3.0	329	0	0.24	0.11	4.3	0
차수수	374	8.8	9.7	1.2	1.1	79.2	11	204	2.4	394	9	0.33	0.13	1.2	0

*식품성분표 제8개정판, 농촌진흥청

(3) 수수(Sorghum, *Sorghum vulgare* Pers.)

수수는 다른 잡곡에 비해 식량으로 알맞지 않아서 많이 재배하지 않는다. 그러나 척박한 땅에서도 잘 자라서 구황식물이나 보조식량으로 조금씩 재배하고 있다. 찰수수와 메수수로 구분되며 전체적인 모양은 옥수수와 유사하다. 종피는 색소에 따라 백색, 갈색, 황색 등이 있는데, 단단해서 소화하기 어려우므로 정백을 잘 해야 한다.

[그림 1-7] 수수

영양성분은 조와 비슷하다. 주성분은 탄수화물이 약 80%로 대부분이 전분이다. 단백질은 약 9.7%이며 프롤라민과 글루테린이 많고 라이신이 제한 아미노산이다. 찰수수에는 단백질과 지질이 많으며 메수수에는 단백질과 지질이 상대적으로 적

어서 메수수는 식용으로 부적당하다. 만주지방에서 주로 재배되는 고량 역시 단백질이 적어서 식용으로 부적당하나 고량주를 만드는 술의 원료로 사용되고 있다. 이밖에 수수는 수수밥, 수수부꾸미, 수수경단, 수수엿, 수수빵 등에 이용되고 있다. 사탕수수 줄기에는 설탕(sucrose)이 13% 내외 함유되어 있어 설탕의 원료로 쓰인다.

수수는 재배하기 쉽고 수확량이 많아서 풋베기 사료로도 이용된다. 그러나 생초(生草)에는 청산이 함유되어 있어서 많이 먹으면 중독을 일으킬 수 있다.

(4) 콩(대두 Soybean, *Glycine max* L.)

콩은 쌀, 보리와 함께 우리의 중요한 식량자원일 뿐만 아니라 단백질 자원으로서도 중요하다. 중국과 인도 등에서는 예로부터 중요한 단백질 자원으로 재배되었다. 이렇듯 콩이 동양에서 중요한 식량자원이 되는데 비해 서양에서는 유지를 목적으로 사용하였다.

콩은 환경에 잘 적응하기 때문에 척박한 땅에서도 잘 자라고 생육기간이 짧아서 재배가 용이할 뿐만 아니라 저장과 수송이 편리하다. 콩은 조직이 단단하여 소화 및 흡수가 잘 안 되므로 여러 가지 방법으로 가공하여 소화율을 높이고 있다.

콩은 성분상의 차이로 크게 두 가지 군으로 구분할 수 있는데, 지질이 많은 대두, 낙화생 등과 탄수화물이 많은 팥, 녹두, 완두, 강낭콩, 동부 등이다. 전분질이 많은 콩은 쌀과 같이 밥을 짓거나 떡, 과자 등의 소나, 묵, 양갱 등에 이용된다.

지질이 많은 대두는 대두유로 많이 이용되며 유지를 착유하고 난 대두박은 단백질원으로 식용과 사료에 이용된다. 오곡밥에 넣는 검정콩은 노란 대두에 비해서 탄수화물과 비타민 B_1은 적고 칼슘과 비타민 B_2는 많은 편이나 나머지 영양성분의 함량은 별 차이가 없다.

① 콩의 성분

대두는 단백질과 지질이 많은 반면 전분은 거의 함유되어 있지 않아 전분을 주성분으로 하는 일반 두류와는 상당히 다른 영양상의 특성이 있다.

수분

콩은 약 10%의 수분을 가지며 두류 가공제품은 모두 50% 이상의 수분을 함유하고 있다.

탄수화물

콩에는 탄수화물이 약 25% 정도 함유되어 있는데 곡류와 달리 전분 함량이 거의 없어서(1% 미만에 불과) 쌀을 주식으로 하는 우리 민족의 영양균형을 유지해 주는 중요한 식품이다. 주요 탄수화물로는 설탕이 5% 내외로 가장 많고, 기능성 당인 3당류 라피노스(raffinose: 갈락토오스, 글루코오스, 프락토오스)가 약 1%, 4당류 스타키오스(stachyose: 라피노스에 갈락토오스가 결합)가 3.5~4.0% 정도 함유되어 있다. 그 외 식이섬유(dietary fiber)인 섬유소(cellulose), 헤미셀룰로오스(hemicellulose), 펙틴(pectin) 등이 있다.

콩의 기능성 당은 위에서 소화되지 않고 장내세균에 의해 분해되어 장내에서 가스를 발생시키므로 가공 할 때 제거하려는 시도가 있었으나, 근래에는 오히려 정장작용을 일으킨다 하여 기능성 감미료로 이용되고 있다. 수입대두보다 국산대두에 기능성 당이 더 많이 함유되어 있다.

[표 1-4] 콩의 일반 성분

(가식부 100g 기준)

콩	성분	에너지(kcal)	수분(g)	단백질(g)	지질(g)	회분(g)	탄수화물(g)	무기질(mg)				비타민(mg)			
								칼슘	인	철	칼륨	B₁	B₂	나이아신	C
대두	흑태	421	11.0	35.2	18.2	4.5	31.1	220	576	7.7	168	0.36	0.25	2.3	0
	서리태	414	11.7	34.3	18.1	5.4	30.5	224	629	7.8	1539	0.34	0.22	1.9	0
	노란콩	420	9.7	36.2	17.8	5.6	30.7	245	620	6.5	1340	0.53	0.28	2.2	0
쥐눈이콩		381	7.8	38.9	6.9	5.2	41.2	161	631	7.4	1611	0.18	0.59	1.2	0

*식품성분표 제8개정판, 농촌진흥청

단백질

콩의 단백질은 평균 40% 내외로 다른 두류(20~30%)나 곡류(8~15%)에 비해 월등히 높아서 옛날부터 한국인의 중요한 단백질 자원이었다. 주요 단백질은 수용성 단백질 글로불린인 글리시닌(glycinin)이 대부분이고 그 외 알부민의 일종인 레규멜린(legumelin)이 있다. 콩 글로불린은 함황아미노산인 메티오닌(methionine)은 부족하지만 그 외 필수아미노산이 골고루 함유되어 있어 영양가치가 높다[표 2-2].

콩의 섭취량이 0.6g/kg/일 이면 1일 0.4g/kg의 달걀흰자를 섭취하는 것과

같은 효과가 있다. 특히 곡류에 부족한 라이신이 많이 함유되어 있어 곡류의 영양상 결함을 보완하는 효력이 크다.

또한 콩에는 단백질 분해효소인 트립신(trypsin)의 활성을 억제하는 트립신저해제(trypsin inhibitor), 적혈구의 응고를 촉진하는 헤마글루티닌(hemaglutinin), 지질의 산화를 촉매하여 불쾌한 냄새를 유발하는 리폭시게나아제(lipoxygenase) 등이 있어 콩 성분의 체내 이용을 방해한다. 그러나 이 물질들은 단백질들로 가열에 의해서 활성을 잃게 되므로 콩을 가열하면 소화율이 향상되고 리폭시게나아제의 활성에 의해 생기는 날콩냄새(hexanol)도 억제된다.

지질

단백질과 함께 콩의 중요한 성분인 지질은 약 18% 정도 함유되어 있으며 대부분이 중성지방이고 상온에서 액체인 반건성유이다. 지방산 조성은 불포화지방산이 85% 이상으로 압도적으로 많다. 그중 리놀레산이 50% 이상으로 가장 많고 올레인산(oleic acid)이 23% 함유되어 있다. 그러나 다른 식용유(면실유, 옥수수유 등)에는 없는 이중결합 3개인 리놀레닌산(linolenic acid)이 9% 정도 들어 있어 지질의 산화가 쉽게 일어난다.

포화지방산으로는 팔미트산과 스테아르산(stearic acid) 등이 있다. 인지질인 레시틴(lecithin)은 약 1~3%로 대두유 제조 시에 대부분 제거되는데 이것은 천연유화제로 사용되고 있으며 건강보조식품으로도 판매하고 있다.

특수성분

콩에는 미량이지만 생리활성에 중요한 성분들이 함유되어 있다. 콩에 1.2~1.5% 정도 함유되어 있는 피틱산(phytic acid)은 장내에서 중금속의 흡수를 방해하나 아연, 칼슘, 마그네슘, 철 등 금속이온과 결합하여 체내흡수를 저해하므로 무기질의 이용이 제한될 수 있다.

약 1% 정도 함유된 사포닌(saponin)은 식물 자체의 방어 성질을 가진 물질로 물이나 기름에 잘 녹으며 시험관 내에서는 적혈구에 대해 용혈작용을 일으킨다. 그러나 경구 투여했을 경우에는 소화과정에서 당이 분리되어 영향력을 잃거나 그대로 배설되기 때문에 실제로 콩 또는 콩 제품의 식용에는 별 문제가 없다. 사포닌 때문에 콩을 물에 담그면 거품이 난다.

이외에도 기능성 물질로 알려진 트립신저해제, 이소플라본(isoflavone), 식물성 스테롤 등이 함유되어 있으며, 이 물질들의 생리활성작용에 대한 연구가 활발히 이루어지고 있다.

색소

콩은 여러 가지 색소를 가지고 있는데 색깔을 내기 위해서 이용하는 것은 보통 노란콩가루(豆黃)와 청대콩(靑太)으로 만든 청태가루(단자나 강정에 묻힘) 및 검은콩(黑太)물이다. 노란콩에는 이소플라본계 색소의 다이드제인(daidzein), 제니스틴(genistin) 등이 함유되어 있다.

검은콩 껍질에 함유되어 있는 흑색 색소는 수용액을 산성으로 하면 아름다운 붉은 빛깔을 띠며, 또 철염(鐵鹽)에 의해서 안정된 흑색계(黑色系)로 고정된다. 이 흑색소는 안토시아닌(anthocyanin)계의 색소(chrysanthemin)이다.

(5) 팥(소두, 小豆 Small red bean, *Phaseolus angularis* WIGHT)

팥은 밥이나 죽에 사용하는 것 외에 팥고물로 많이 이용하고 있다. 재배조건은 콩과 비슷하다. 우리나라에서 많이 이용하는 팥(小豆)에는 여러 품종이 있지만, 그중 붉은팥과 거피(去皮)팥이 밥과 떡고물에 흔히 쓰인다.

거피팥은 껍질의 색깔이 검푸른데(아롱진 점이 약간 있음), 껍질이 얇아 거피가 잘 되어 떡고물로 쓰이며 색깔은 별로 없다. 붉은팥은 껍질이 두껍고 진한 붉은색으로, 삶아서 팥밥을 짓거나 떡고물을 만든다. 그리고 붉은 팥을 삶아 체에 넣고 으깨어 나온 팥물로 팥죽을 쑤어 먹는다.

팥은 주로 전분을 가라앉혀 만든 고물로 많이 이용되는데, 팥고물은 먼저 팥을 잘 불린 다음 처음 30~40분간 삶은 후, 삶은 물을 따라 버린 후 다시 1시간 정도 삶으면 완전히 물러서 뭉그러진다. 이것을 으깨서 체에 걸러 앙금의 수분을 제거하고(생고물) 설탕을 넣어 잘 주무른 것이 팥고물이다.

팥의 전분은 강한 세포막에 싸여 있어 가열하면 전분입자가 팽윤, 호화되어 세포 내에 가득하게 되나, 유출되지 않고 각각의 전분세포로 분리되므로 보슬보슬

한 팥소를 만들 수 있다.

팥의 성분 조성은 대두와 달리 50% 이상이 탄수화물로서 대부분이 전분이며 이밖에 펜토산(pentosan), 갈락탄(galactan), 덱스트린, 설탕, 섬유소 등을 함유하고 있다. 단백질은 약 19% 정도이고, 그중 80%가 글로불린이며 아미노산 조성은 메티오닌이 대단히 적고 라이신은 많다. 지질은 극히 적으며 칼륨, 인이 많고 칼슘, 나트륨은 적다. 비타민 B_1은 약 0.54mg%로 특히 많은 편이어서 팥밥을 먹으면 비타민 B_1을 보완할 수 있다[표 1-5].

[표 1-5] 팥의 일반 성분

(가식부 100g 기준)

에너지 (kcal)	수분 (g)	단백질 (g)	지질 (g)	회분 (g)	탄수화물 (g)	무기질(mg)			비타민(mg)			
						칼슘	인	철	A(RE)	B_1	B_2	나이아신
356	8.9	19.3	0.1	3.3	68.4	82	424	5.6	0	0.54	0.14	3.3

*식품성분표 제8개정판, 농촌진흥청

또 팥에는 특수성분으로 사포닌이 0.3% 가량 함유되어 있는데, 비누가 공급되기 전까지는 팥가루를 넣어 거품을 일게 하여 비누 대용의 세제로 이용하기도 하였다. 이것은 화학제품과 달리 해가 없으므로 약한 피부나 식품을 씻는데 좋다. 또한 사포닌은 지질의 분해를 원활히 하여 비만을 적절히 막아줄 뿐 아니라 장을 자극하여 통변을 도와준다.

3) 오곡밥의 식품학적 의의

(1) 영양적 의의

농경사회가 본격화된 시기 이후부터 오늘날까지 밥은 상용 주식으로 그 뿌리를 지켜오고 있다. 따라서 밥의 주재료인 쌀과 그 외 곡류가 우리 건강에 미치는 영향은 매우 크다.

곡류는 탄수화물의 좋은 급원이면서 콜레스테롤이 없고 지질 함량은 낮은 반면, 식이섬유와 비타민 B군, 각종 무기질을 상당량 함유하고 있다. 뿐만 아니라 각종 생리활성 물질도 함유하고 있는 건강식품이다. 곡류의 생리활성물질은 폴리페놀(polyphenol)류, 식물성스테롤류, 식물성에스트로겐(phytoestrogen), 식이섬유 등 4그룹으로 분류할 수 있다.

카테킨, 안토시아닌, 탄닌(tannin) 등의 폴리페놀류는 항산화, 항암효과를 나타내며 시토스테롤(sitosterol), 스티그마스테롤(stigmasterol) 등의 식물성스테롤류는 혈청콜레스테롤 저하 및 항암효과, 식물성에스트로겐류는 여성호르몬(estrogen) 효과 외에 관상동맥질환 및 암 예방효과를 기대할 수 있다. 곡류의 껍질 층에 많이 함유되어 있는 식이섬유는 혈중콜레스테롤 및 혈당저하작용 뿐만 아니라 대장암을 비롯한 비만, 당뇨 등의 대사성 질환에 예방효과를 나타낸다.

쌀

쌀은 영양성분의 조성이 비교적 양호하며 탄수화물이 많은 경제적인 열량공급원으로서 1일 에너지 필요량의 약 40%를 공급하고 있다. 이렇듯 쌀 전분의 체내에서의 역할은 중요한 에너지 공급원이라는 점이다. 특히 뇌의 에너지원은 혈당에만 의존하므로 쌀은 뇌의 활동을 원활히 하는 데에도 중요한 역할을 한다.

쌀의 단백질 함량은 10% 내에 불과하지만 주식이 밥인 우리나라 사람의 단백질 공급량의 약 24%를 차지하고 있다. 또한 밀 단백질보다 양질이고 라이신이 부족한 것을 제외하고는 콩과 대등한 아미노산 조성을 가지고 있다.

쌀의 지질은 쌀을 도정할 때 대부분이 배아와 쌀겨로 제거되므로 백미의 지질 함유량은 1% 정도에 불과하다. 따라서 전체 섭취 지질양의 약 12% 정도를 쌀로부터 섭취한다.

지질이 건강에 미치는 영향은 구성 지방산의 종류에 따라 크게 영향을 받는다. 최근 연구 결과, 미강과 미강유가 악성콜레스테롤인 LDL-콜레스테롤 농도는 감소시키고, 심장병을 막아주는 작용을 하는 양성콜레스테롤인 HDL-콜레스테롤은 증가시킨다고 한다. 특히 콜레스테롤의 흡수를 억제하는 것으로 알려져 있는 시토스테롤은 미강유에 높은 농도로 존재한다고 한다.

최근 한국이나 일본에서 대장암이 증가하는 것은 쌀 소비 감소가 원인이라고 본다. 쌀겨층에 많은 식이섬유소는 콜레스테롤의 흡수를 저해할 뿐만 아니라 암세포의 증식을 억제시켜 대장암의 발병을 낮추는 작용도 하므로 특히 쌀겨층이 남아 있는 현미 섭취는 쌀의 영양소 이용을 극대화할 뿐만 아니라 각종 질병의 예방에도 효과가 있다.

쌀의 비타민류는 현미의 배아와 쌀겨 부분에 비타민 B_1, 비타민 B_2, 나이아신(niacin)이 상당히 많이 함유되어 있으나, 백미로 이용할 때는 도정 과정에서 대부분이 제거되어 백미에는 함량이 적다. 게다가 밥을 지을 때에도 상당량이 손실되어 밥으로부터 비타민 섭취는 매우 부족하게 되므로 다른 음식에서 보충하여야 한다.

수수

수수 껍질에 많이 함유되어 있는 폴리페놀 화합물인 탄닌은 항돌연변이, 항산화, 항암작용이 있다. 한방에서는 수수에 중초(中焦, 심장과 배꼽의 중간)를 덥게 하고 기를 보하며 구토와 설사를 멈추게 하는 효능이 있다고 한다.

콩

콩은 단백질 함량이 약 40%로 곡류에 비해서 월등히 많을 뿐만 아니라 필수아미노산이 풍부하여 질 좋은 단백질 급원식품이다. 특히 라이신의 함량이 많아서 라이신이 부족한 쌀과 혼합하면 단백가를 높일 수 있다.

또한 콩 단백질은 동물성 단백질과 달리 혈압 강하작용과 콜레스테롤 저하작용이 있다. 특히 콩 단백질을 규칙적으로 많이 섭취했을 때 저밀도 지단백(LDL)은 현저히 감소하는 반면, 고밀도 지단백(HDL)은 변화가 없다는 연구 결과가 보고되고 있다. 또 콩 단백질은 칼슘 배출을 억제하여 골격형성 등 뼈 건강에 관여하며 뇌졸중, 알츠하이머 등에 도움을 주는 것으로 알려지고 있다.

대두 올리고당인 라피노스와 스타키오스는 콩나물과 같은 발아기에는 전혀 함유되어 있지 않은 갈락트올리고(galactoligo)당이며 무색투명한 액체로 장내상태를 개선하는 정장효과가 커 감미료로 이용되고 있다.

스타키오스와 라피노스는 소장에서 흡수되지 않고 대장으로 들어가 비피더스균에만 선택적으로 이용되고 각종 산성물질(아세트산, 피루브산, 부티르산, 젖산)을 생성하므로 결국 유해균은 기아와 산성물질 때문에 사멸된다. 뿐만 아니라 생성된 아세트산과 젖산 등은 장관운동을 촉진하여 통변을 개선하고 발암물질 생성효소의 활성을 저하시키는 효과도 있다. 또 대두 올리고당은 비피더스균 증식인자로서의 효과가 다른 올리고당에 비해 수배인 것이 확인되었다.

대두 사포닌은 혈액의 점도를 낮춰주고 혈관 내 콜레스테롤과 지질의 축적을 저하시켜 뇌 및 순환계의 건강을 유지하는 데 작용하며, 비만예방에 효과적이다. 또 세포질에 달라붙는 과산화지질을 감소시켜 노화를 지연시키며 대장암 세포의 성장을 억제한다.

레시틴은 비타민, 호르몬 등과 같이 인체에 필요 불가결한 물질이다. 특히 세포막의 주성분으로 세포 손상 시 이의 보완, 회복에 큰 작용을 하여 세포를 활성화시킴으로써 영양소 흡수, 노폐물 배설 등 생명의 기초가 되는 대사에 깊이 관여한다. 특히 뇌의 신경세포, 뇌 세포 등에도 많이 들어있어 뇌 전체의 20~30%가 레시틴으로 되어있다. 따라서 발육기 아동들에게는 더 많은 레시틴이 요구된다.

레시틴의 구성성분인 콜린(choline)은 뇌의 신경전달 물질인 아세틸콜린(acethyl-choline)의 구성 원료이다. 아세틸콜린의 감소는 뇌의 노화 현상으로 정상적인 사람에게서도 나타난다. 그러나 치매환자의 경우, 아세틸콜린이 극단적으로 감소한다.

콩 레시틴은 또한 생체 내에서 콜레스테롤의 가용화에 관여하여 혈중 콜레스테롤 수치를 낮추어 심장기능을 정상적으로 유지하며, 당뇨병 예방과 간 기능 정상화에 효과가 있다. 따라서 콩을 상식하면 노년기까지 건강한 뇌를 유지할 수 있을 뿐만 아니라, 고혈압 등 각종 순환기계 질환, 당뇨병, 비만 등에 효과가 있다.

콩의 황색색소 물질인 이소플라본 중 제니스틴은 악성종양 증식에 필요한 영양을 공급하는 새로운 혈관의 확장을 막아 유방암, 직장암, 폐암, 식도암, 전립선암, 피부암의 성장을 억제한다. 또한 여성의 갱년기 장애 및 골다공증 방지에도 도움이 되는데, 이는 에스트로겐 농도 저하로 인한 골다공증에 제니스틴이 에스트로겐 활성을 가지고 있기 때문이다. 따라서 제니스틴은 여성호르몬인 에스트로겐과 동일한 작용을 하기 때문에 식물성에스트로겐이라고 불린다.

피틱산은 콩에 들어있는 또 하나의 항암물질이다. 피틱산은 무기질의 흡수를 저해하기 때문에 영양학적으로 바람직하지 않은 성분으로 취급되어 왔으나, 최근의 연구에 의하면 항암작용 뿐만 아니라 지방간 억제, 면역기능 강화, 산화방지, 중금속 흡수 저해 등의 작용을 하는 것으로 밝혀졌다.

종래에 날콩의 소화를 방해하는 물질로 알려진 단백질 가수분해 저해인자인 트

립신저해제는 가열에 의해 대부분이 파괴되는데, 두유를 만들 경우 약 80%, 두부를 만들 경우는 90% 정도가 활성을 잃는다. 그러나 최근 열처리 후에도 남아 있는 트립신저해제는 분자량이 적은 것으로 항암작용을 한다는 것이 밝혀졌다.

미국 국립암연구소는 콩에 적어도 다섯 가지의 항암물질이 들어 있다는 사실을 인정하였다. 즉 단백질 가수분해 저해인자, 피틱산, 식물성스테롤, 사포닌, 이소플라본 등 다섯 가지이며, 이외에도 콩에는 여러 가지 항암물질이 있을 것으로 본다.

팥

팥밥을 먹으면 각기병에 안 걸린다는 말이 있는데 이는 팥의 높은 비타민 B_1 함량 때문이다. 비타민 B_1은 각기병뿐만 아니라 에너지 대사에 중요한 물질로 피로회복에도 효과가 있다. 또 예로부터 민간에서는 부기가 있거나 신장염이 있을 때 팥을 삶아 먹었는데 팥의 이뇨작용 때문이었다.

[그림 1-8] 오곡밥

이상 여러 가지 기능성을 가지고 있는 곡류를 혼합한 오곡밥은 곡류 각각의 장단점을 서로 보완하여 쌀밥만으로는 부족하기 쉬운 라이신뿐만 아니라 비타민 B_1을 비롯한 B군과 단백질, 무기질 등을 충분히 함유하고 있다[표1-6]. 또 오곡밥을 먹으면 식이섬유를 많이 섭취하게 되어 혈청콜레스테롤 증가 억제, 장내 환경개선 등을 기대할 수 있으며, 뿐만 아니라 최근 한국인에게 발병률이 높아 지고 있는 대장암을 예방할 수 있다.

[표 1-6] 흰밥과 오곡밥의 영양가(즉석밥)

(가식부 100g 기준)

성분 밥	에너지 (kcal)	단백질 (g)	지질 (g)	탄수화물 (g)	무기질(mg)		비타민(mg)			
					칼슘	철	B_1	B_2	나이아신	C
흰밥	147	2.8	0.2	33.4	10	0.2	0.04	0.02	0.7	–
오곡밥	150	3.6	0.4	32.9	14	0.5	0.04	0.02	1.1	–

*식품성분표 제8개정판, 농촌진흥청

또한 여러 가지 기능성 물질의 작용에 의해서 저밀도 지단백(LDL)이 감소하여 각종 순환기계 질병을 예방할 수 있으며, 항산화작용에 의해서 암을 비롯한 각 종 질병과 노화를 예방할 수 있다.

한국인의 체질은 오랫동안 밥을 먹어 왔기 때문에 치아상태, 장의 길이, 소화 액의 분비, 장내 세균 등이 밥의 소화흡수에 알맞게 적응되어 있다. 따라서 밥에 대해 바로 알고 바람직한 식생활을 하면 서구의 고지방식으로 바뀌는 것을 방지 하여 날로 증가하는 생활습관병을 예방할 수 있을 것이다.

(2) 경제적 의의

쌀 등의 곡류는 탄수화물이 많고 대량생산이 가능하며 수송과 유통이 쉽고 값 이 싸다. 1차 가공만으로 바로 주식으로 이용할 수 있으며 가공성이 좋다.

콩은 단위면적당 단백질 생산량이 가장 높은 작물이며 저장성도 좋아 쇠고기 등 육류와 비교해 볼 때 경제성이 대단히 높다. 육류는 기호도가 높고 단백질 및 기타 영양성분이 균형을 이루고 있어 식물성 식품에 비해 품질이 우수하지만 경 제성을 고려하면 식량자원으로서의 단점이 비교적 크다. 즉 같은 양의 단백질을 얻는데 쇠고기는 콩에 비해서 훨씬 비싸다.

최근 밥류 가공기술의 발전으로 레토르트(retort) 밥, 무균포장밥, 건조밥, 냉 동밥, 통조림밥 등이 생산되고 있다. 이 중 무균포장밥은 밥류 가공업이 식품산 업의 중요한 분야로 자리 잡게 했다. 이는 포장 후 살균을 위해 레토르트와 같은

고온의 스트레스를 주지 않으므로 좋은 밥맛을 유지하고, 또 막 지은 밥을 무균실에서 상온 포장한 것이어서 상온에서 6개월간 보존되기 때문이다.

품목으로는 팥밥, 흰밥, 현미밥 등이 있으며 여기에 각종 국을 곁들인 국밥류(황태국밥, 미역국밥 등)까지 개발되고 있다. 이러한 다양한 밥류의 생산은 국내뿐만 아니라 국외로의 수출을 통한 전통식품의 홍보효과가 클 것으로 기대된다.

2. 죽

1) 식문화사적 배경

농경문화가 시작되면서 인류는 곡물과 토기(土器)를 갖게 되고, 토기에 물과 곡물을 넣어 가열함으로써 최초의 곡물요리인 죽을 이용하였다. 따라서 죽은 토기의 발달사와 깊은 관련이 있다고 할 수 있으며 대부분의 농업국에서 가장 먼저 이용한 곡물 조리법이었다. 이렇듯 죽은 밥이나 떡보다 먼저 시작되었으며 다른 전통음식에 비하여 용도가 다양하였다.

죽은 대용주식, 노인식, 별식, 구황식, 보양식, 이유식, 약죽, 절기식, 치료식 등으로 다양하게 이용되었다. 따라서 죽은 우리의 식량 환경과 정서를 잘 나타내는 대표적인 음식이라 할 수 있다.

고려 이전의 문헌에는 죽에 관한 단어가 몇몇 보일 뿐이지만 조선시대의『청장관전서(靑莊館全書 1795)』에는 "서울의 시녀들의 죽 파는 소리가 개 부르는 듯 하다."는 말이 나온다. 또『임원십육지(林園十六志)』, 『증보산림경제(增補山林經濟)』, 『군학회등(群學會騰)』, 『규합총서(閨閤叢書)』, 『농정회요(農政會要)』등 조선시대 요리서에 곡물 이외에 여러 가지 식품을 섞어서 쑨 죽이 다채롭게 소개된다. 이를 통해 조선시대에는 죽이 매우 보편화된 음식이었다는 것을 알 수 있다.

2) 죽의 종류

죽은 상태에 따라서 죽, 미음, 미음보다 묽은 응이, 조개나 야채 같은 부재료를 넣은 별미죽, 보신을 위한 보양죽 등이 있다.

(1) 흰죽

흰죽은 죽의 기본형으로, 쌀의 낟알을 어떻게 이용하느냐에 따라 여러 가지로 나누어진다. 통쌀로 쑨 옹죽(흰죽), 옹배기에 굵게 갈아서 쑨 원미죽, 쌀을 불린 후 완전히 갈아서 쑨 무리죽 등이 있으며, 그 외에 미음, 응이, 암죽 등 다양하다.

죽을 끓이는 방법은 이용기(1943)가 편찬한 『조선무쌍신식요리제법(朝鮮無雙新式料理製法)』에서 설명하고 있다. "죽이란 물만 보이거나 쌀만 보여서도 안 되니 반드시 물과 쌀이 서로 조화하여 부드럽고 기름지게 되어 한결같이 되어야 죽이라 할 수 있다."라고 하였으며, 가열방법에 대해서는 "천천히 만화(慢火)로 오래 삶으면 쌀즙이 다 나와서 죽이 된다."고 기술하고 있어 죽의 물성과 제법에 관해 언급하고 있다.

또 다른 사람은 "차라리 사람이 죽을 기다릴지라도 죽이 사람을 기다려서는 안 된다."고 하였다. 이는 죽은 미리 쑤어 놓으면 쌀알이 퍼져서 물기가 없고 또 삭아버릴 수도 있으므로 제때에 바로 먹어야 맛이 좋다는 말이다.

죽의 물성에 관여하는 인자들은 원료의 성상, 수분 함량과 고형분의 비율, 가열온도 및 시간, 첨가재료의 종류 등이 있으며 이외에 원료의 품질이나 물의 질, 가열용기의 종류에 따라서도 영향을 받는다. 죽은 밥과 달리 쌀을 물에 더 오래 (2~3시간) 담그고 중간 불에서 오래 끓인다. 또 끓이는 동안 불이 너무 약하면 유리수가 생겨 물이 겉돌게 된다.

① 미음

흰죽은 쌀을 불려 곱게 갈아 끓이거나 그대로 끓이는 데 비하여 미음은 쌀을 껍질만 남을 정도로 충분히 고아서 체에 밭친 것이다.

『규합총서』, 『군학회등』 등의 고조리서에는 해삼, 홍합, 쇠고기, 찹쌀로 만든 삼합미음(三合米飮), 흰미음, 가을보리미음, 생동찰미음, 메조미음, 기장미음, 대추미음 등이 소개되고 있다.

② 응이(율무)

우리나라의 죽 종류에 응이(의이, 薏苡)란 것이 있는데 응이란 본디 율무를 가리키는 말이다. 율무는 철 및 칼슘의 좋은 급원이며 혈액 및 신경계의 회복에 도움을 주는 것으로 알려져 있다.

고조리서에 소개된 응이죽 만드는 방법은 먼저 율무의 껍질을 벗기고 물에 담가 불린 후 맷돌에 갈아서 앙금을 안치고, 이 앙금을 말려 두었다가 죽을 쑨다고 한다. 그러나 언제부터인지 율무와는 아무 관계없이 어떤 곡물이든 갈아서 앙금을 얻은 후 쑨 죽을 통틀어 응이라 부르게 되었는데 수수응이, 연근응이, 오미자응이 등이 있다.

③ 암죽

어린아이, 노인, 환자용의 묽은 죽으로 곡식이나 밥 등의 가루를 밥물에 타서 끓인 것이다. 쌀암죽, 떡암죽, 밤암죽, 식혜암죽 등이 있다.

(2) 팥죽

『동국세시기(東國歲時記)』에는 "동짓날에는 팥죽을 쑤는데 찹쌀가루로 새알 모양의 새알심 떡을 만들어 그 죽 속에 넣고 꿀을 타서 시절음식으로 삼으며 제사의 공물(供物)에도 쓴다. 그리고 팥죽 국물을 대문짝에 뿌려 상서롭지 못한 것을 쫓아버린다"고 하였다. 동짓날 새알심을 가족의 나이 수대로 넣어서 먹고 붉은색이 귀신을 쫓아 액운을 막는다고 하여 붉은색의 팥죽 국물을 대문짝에 뿌리는 풍속이 내려오고 있다.

[그림 1-9] 팥죽

팥죽은 먼저 팥을 푹 삶아서 으깨어 체에 걸러 한참 두어 앙금을 가라앉히고, 윗물만 따라서 끓여 쌀을 넣고 쌀이 퍼지면 팥앙금을 넣어 나무 주걱으로 저으면서 끓여 소금으로 조미한다. 찹쌀가루를 익반죽하여 새알심을 만들어 같이 끓인다.

(3) 범벅

범벅은 죽의 한 종류라고 볼 수 있는데 조선시대의 요리서에는 범벅에 대한 소개가 없으나 1700년대의 『음식보(飮食譜)』에 범벅이라는 말이 나오는 것으로 보아 1700년대에는 이미 범벅이 있었음을 알 수 있다.

범벅이란 곡식가루에 감자, 옥수수, 호박 같은 것을 섞어서 풀처럼 되게 쑨 것이며 범벅의 종류로는 강원도의 감자범벅, 옥수수범벅과 경상도, 강원도의 호박범벅 등이 있다. 이 중 호박범벅은 달콤한 맛과 고운 빛깔 때문에 가장 즐겨 찾는 범벅으로 남아있다.

[그림 1-10] 호박

(4) 식물성 죽

죽은 쌀만이 재료가 되는 것이 아니며 쌀이 없으면 다른 곡물을 쓰기도 한다. 흉년이 들어 식량이 부족하거나 가난한 사람들은 곡물로 죽을 쑤어 양을 늘려 먹었다.

『북새기략(北塞記略)』에는 "곡물이 매우 귀하여 이맥(耳麥, 귀보리)으로 죽을 쑤어 먹으면서도 강력건보(强力建步)한다."고 쓰여 있는데, 이 보리죽도 제대로 먹지 못하면 산채(山菜) 같은 것을 섞어서 쑨 것을 일상식 혹은 구황식(救荒食)으로 먹었다.

조선 숙종 때 암행어사 박만보의 암행일기에는 극심한 흉년을 당한 식생활 상에 대하여 "밥상이 들어왔는데 초근(草根)을 넣고 쑨 죽이었다.", "나물을 뜯는 사람들로 산야(山野)가 뒤덮여 있으며 겨를 구해다가 나물을 넣고 죽을 쑤어 배를 채웠다."고 쓰여 있다.

한편, 곡물에 여러 가지 채소나 산초, 약초를 섞어 쑨 죽에 약효를 기대하기도 하였는데 그 종류가 다양하였다. 고조리서에 소개된 것을 보면 무죽, 당근죽, 쇠비름죽, 근대죽, 시금치죽, 냉이죽, 미나리죽, 아욱죽, 참깨죽, 마죽, 백합죽, 대추죽, 밤죽, 행인죽, 연밥죽, 연뿌리죽, 마름죽, 들깨죽, 잣죽, 매화죽, 방풍죽, 도토리죽, 생강죽, 호도죽, 개암죽, 황정(黃精)죽, 지황(地黃)죽, 구기(枸杞)죽 등이 있다.

또 『임원십육지』에는 매화죽을 상세하게 소개하고 있는데 "떨어진 매화 꽃잎을 깨끗이 씻어 설수(雪水)에 삶는다. 흰죽이 익는 것을 기다려 한데 삶는다."고 하였다. 이런 것은 특별한 맛을 찾기보다는 청고(淸高)한 것을 즐기려는 풍류죽이라 할 수 있다.

(5) 보양(補養)을 위한 죽

보양을 위한 죽은 동물성 식품을 넣은 것과 식물성 식품을 넣은 것으로 구분된다. 동물성 식품은 우랑(牛腸), 닭, 붕어, 조기, 생선, 굴, 홍합, 전복, 쇠고기 등을 이용했고, 식물성으로는 마, 밤, 호두, 잣, 검은깨 등으로 죽을 쑤어 보양효과를 기대하였다.

중국이나 일본의 요리서에도 동물성 죽이 있기는 하나, 우리나라의 동물성 죽은 실로 다양하며 지금도 전복죽이 보양식품으로 애호되고 있다.

궁중이나 상류층에서는 우유(타락)죽을 먹었고 『산림경제(山林經濟)』나 『규합총서』에서는 우유죽의 조리법을 소개하고 있는데, 이것은 우유를 그냥 끓인 것이 아니고 쌀가루를 우유에 넣어 천천히 끓인 것이다.

일본의 특징적인 죽 형태인 잡탕죽(조우스이)은 주로 해산물이나 버섯류를 쌀밥과 혼합하여 조리한 것으로 우리나라의 보양죽과 비슷하다.

3) 죽의 식품학적 의의

『임원십육지』에는 "매일 아침에 일어나서 죽 한 사발을 먹으면 배가 비어 있고 위가 허한데 곡기(穀氣)가 일어나서 보(補)의 효과가 사소(些少)한 것이 아니다. 또 매우 부드럽고 매끄러워서 위장에 좋다. 이것은 음식의 오묘한 비법이다."라고 쓰여 있다. 이는 아침 식사의 대용 주식으로서 죽이 갖는 효능을 말한 것이다.

죽은 주재료가 곡물이지만 다른 식품소재를 첨가하면 다양한 풍미를 낼 뿐만 아니라 탄수화물 이외에 단백질, 비타민 등의 영양소와 부재료가 지니는 기능적인 특성까지 취할 수 있다. 열량측면에서도 100g당 30~50Kcal 정도로 밥류의 1/3~1/4의 수준이다.

특히 팥죽은 출산 후 젖이 적은 산모에게 먹여 젖이 많이 나게 하였다. 또 해독 작용도 있어서 몸속의 알코올을 빨리 배설하여 숙취를 완화시키므로 술로 약해진 위장을 다스리는 데 사용되었다.

쌀을 기본으로 한 전통 죽류는 첨가재료에 따라 약 120가지가 조사되어 있을 정도로 종류가 많다. 최근에는 유동식, 병원식, 노인식 등 전문 죽 제품이 활발하게 개발되고 죽 전문점도 많이 생겨나고 있다. 2000년 현재 국내 죽 제품 시장의 규모는 약 1,500억원으로 추정되며 분말, 액상 등 18가지의 종류에 약 40여 개의 품목이 생산, 판매되고 있다.

이렇듯 죽 가공제품이 개발되는 것은 죽에 대한 수요가 증가하기 때문이다. 죽은 먹기가 간편하고 소화가 잘되며 또 어느 정도 열량을 공급받을 수 있는 이점이 있어서 바쁜 현대인의 한 끼 식사뿐만 아니라 노인식, 환자식으로도 활용도가 높다. 죽이 인스턴트화 됨에 따라 포장이 간편해지고 다양해지며 새로운 재료를 이용한 기능성이 부가되는 등 앞으로 죽은 더욱 더 다채롭게 개발될 것으로 보인다.

3. 떡

1) 식문화사적 배경

우리나라는 전통적인 농업국가로 곡물을 사용하여 만든 음식이 가장 보편적이고 사용빈도와 범위가 넓다. 특히 밥, 죽, 떡은 대표적인 3대 곡물조리 가공식품이다. 이 중 떡은 곡식 조리법이 가장 잘 발달되어 전승된 음식으로 대개 곡식가루를 반죽하여 찌거나 삶아 익힌 음식이다.

청동기시대의 유적인 나진 초도 패총 및 삼국시대의 고분 등에서 시루가 출토된 것으로 미루어 떡은 우리나라에서 기원 전 1~2세기부터 만들기 시작한 것으로 추측된다. 또한 이 무렵의 생활 유적지에는 거의 예외 없이 곡물의 제분에 사용된 연석이나 돌확이 발견되고 있다. 시루는 곡물을 쪄서 익히는 조리용구이므로 곡물을 갈아 시루에서 쪘다면 분명 시루떡을 뜻하는 것이라 할 수 있으며 시루떡이 최초의 떡이었음을 짐작할 수 있다.

벼농사의 보급과 농기구의 발달로 많은 쌀이 생산되고 농경사회의 공동체 의식의 표출로 제사, 통과의례 등을 거치면서 떡의 종류가 다양화되었다. 특히 떡은 고려시대에 와서 종류와 조리법이 다양하게 발달되었다. 불교의례와 절기음식으로 자리 잡았으며 이때가 떡이 일반화된 시기라고 볼 수 있다.

이후 조선시대로 이어지면서 농업 기술과 조리 가공법 등의 발달로 전반적인 식생활 문화가 향상되자 떡의 종류와 맛은 한층 다양하게 변화되었다.

한편, 이 시대에는 빈자떡이라 불리는 녹두부침이 만들어지기도 했고, 추석 명절의 대표적인 절식으로 지금까지 손꼽혀 오고 있는 송편, 여름철의 절식인 증편 등이 널리 유행하여 떡은 계절식과 명절 음식으로 크게 발전했다. 우리 속담에 '떡 본 김에 제사 지낸다.'라는 말이 있다. 제사상에 떡을 빼면 변변치 않을 정도로 떡이 차지하는 비중이 크다는 것을 알 수 있다.

이처럼 제례(祭禮), 빈례(殯禮), 혼례(婚禮) 등 각종 의례 행사는 물론, 대·소연회에도 필수 음식으로 쓰였다. 이렇게 발전된 떡은 그 종류가 약 240여 가지나 되며 지금도 한국인의 대표적인 기호음식으로 자리 잡고 있다.

우리 민족에게 떡은 별식으로 꼽혀 왔다. '밥 위에 떡'이란 말도 밥보다 떡을 더욱 맛있게 생각한 데서 생겨났다. 떡은 간식이기도 한데, 계절적으로는 가을과 겨울에 많이 해 먹었다.

　가을에는 추수가 끝나 곡식이 넉넉하고 농한기로 접어드는 시기이므로 '무시루떡'같은 것을 많이 해 먹고, 겨울에는 '인절미'를 해 두었다가 긴긴 밤 출출할 때면 딱딱하게 굳은 인절미를 말랑말랑하게 구워서 꿀이나 조청 또는 홍시에 찍어 먹으며 겨울 정취를 만끽해 왔다.

2) 떡의 종류

　떡은 역사가 깊은 한국 고유의 곡물요리로 떡을 조리형태 면에서 정의한다면 '곡물의 분식형의 음식'이라고 할 수 있다. 즉 곡식가루를 찌거나 삶아 익힌 음식을 통틀어 떡이라고 일컫는다.

　그런데 떡은 곡물을 가루상태로 한 다음 익힌 것과 알갱이 상태로 익힌 다음 절구나 안반에 쳐서 곡식알갱이를 완전하게 부수어 만든 것으로 나누어진다. 전자는 찌는 떡(甑餠), 지지는 떡(煎餠), 삶는 떡(團子餠)으로 나누어지고 후자는 치는 떡(搗餠類)이다. 찌는 떡 중에는 시루떡, 지지는 떡 중에는 진달래화전, 삶는 떡 중에는 경단, 치는 떡 중에는 인절미가 대표적이다[표 1-7].

[표 1-7] 떡의 종류

분류	종류
찌는 떡	팥고물시루떡, 콩시루떡, 물호박떡, 잡과병, 백설기, 각색편, 송편, 찜떡, 증편, 약식
치는 떡	인절미, 절편, 단자, 흰떡, 골무떡
지지는 떡	진달래화전, 맨드라미화전, 국화전, 장미화전, 수수부꾸미
삶는 떡	경단, 두텁단자

(1) 찌는 떡(蒸餠類)

　시루떡이라고도 하며 우리 떡 중 가장 기본적인 것으로 100여종이 있다. 찌는 방법에 따라 설기떡과 켜떡으로 구분한다. 설기떡은 찌는 떡의 기본이 되는 떡

으로 멥쌀가루에 물 또는 꿀물을 섞어 습기를 조절하고 체에 쳐서 공기가 고르게 혼입되게 한 다음 한 덩어리가 되게 찐다. 백설기(雪糕)가 가장 대표적이다.

백설기는 깨끗함과 식복(食福)을 뜻하는 떡으로 신성한 의미가 있는 행사에 필수적인 음식이며, 특히 삼칠일, 백일, 돌상 등 아이들의 탄생과 관련된 의례에 빠지지 않는다. 백설기를 기본으로 하여 콩, 쑥, 밤, 도토리 등을 넣어 만든 각종 시루떡이 응용되었다.

시루떡은 멥쌀이나 찹쌀가루에 고물을 켜켜로 얹어서 시루에 안쳐서 찐 떡으로 팥시루떡, 콩시루떡 등이 일반적이다. 그 외에 호박, 무, 쑥, 밤, 석이, 감자 등 과채류나 버섯을 적절하게 혼합한 다양한 시루떡도 전해져 오고 있다. 특히 팥시루떡은 잡귀를 물리치는 고사에 많이 쓰인다.

또한 익반죽한 쌀가루에 막걸리를 넣고 반죽하여 탄산가스(CO_2)를 발생시켜 부풀린 다음, 그 위에 밤, 대추, 실백, 석이버섯 등으로 고명을 얹어서 찌는 증편(귀주떡, 술떡)도 여기에 속한다. 증편은 빵과 비슷한 다공질상의 발효떡이나 빵과는 달리 쪄서 만든다.

(2) 치는 떡(搗餠類)

곡물을 그대로 또는 가루상태(粉狀)로 만들어서 시루에 찐 다음, 절구나 안반 등에서 떡메로 친 것이다. 인절미와 단자류(일명 경단, 경단보다 고물이 호화롭다. 대추단자, 석이단자, 밤단자 등)는 찹쌀을 주원료로 하고 절편, 흰떡, 골무떡은 멥쌀을 주원료로 이용한다.

절편은 떡살로 떡 표면을 찍어 갖은 문양의 떡을 만드는데, 단오날에는 특히 수레바퀴 모양의 떡살을 찍어 장수를 기원하는 수리치 절편을 만들기도 하였다.

명절날 마당에서 익힌 찰떡을 안반에 올리고 부인네는 손에 들기름을 바르고 떡이 골고루 섞이게 해주고 남정네는 떡메를 높이 들어 떡을 치는 광경은 온 식구가 모여 떡을 만드는 아름다운 풍경이다.

[그림 1-11] 떡메치기

(3) 지지는 떡(油煎餅)

곡식가루를 반죽하여 모양을 만든 후 기름에 지진 떡으로 밀전병, 화전, 주악, 녹두부침(빈대떡), 부꾸미류 등이 여기에 속한다. 이 중에서 계절을 이용한 화전 (花煎)이 유명하였으며, 진달래화전(두견화전), 장미화전, 국화화전 등이 시식(時食) 으로 전해지고 있다. 삼월삼짇날에는 집안에만 있는 부인네들도 들판에 나와 진 달래꽃으로 화전을 지져먹는 화전놀이를 즐겼다.

빈대떡은 과거에는 순수한 떡이었으나 오늘날에 와서 변형된 것으로 보인 다.『음식디미방(飲食知味方)』에는 "거피한 녹두를 가루 내어 되직하게 물을 섞어 반죽하고, 부칠 때에는 기름이 뜨거워진 다음 조금씩 떠놓고 그 위에 꿀에 반죽 한 거피팥소를 얹고 그 위에 다시 녹두가루를 얹어 지지라."고 설명한다.

지금처럼 녹두를 갈아서 즉석에서 지지지 않고 녹두앙금을 말린 녹두가루에 밤, 팥 등을 꿀에 버무려 소를 넣고 그 위에 잣과 대추를 박아 지졌던 떡의 형태 였다. 이것이 후세에 와서 녹두가루에 돼지고기, 김치 등을 섞고 양념하여 지진 찬물의 형태가 되었다.

[그림 1-12] 국화화전

(4) 삶는 떡

찹쌀가루를 물로 반죽하여 도토리알 만하게 또는 밤만 하게 둥글게 빚어서 끓는 물에 삶아 건진 것으로 경단이 여기에 속한다. 묻히는 고물로는 콩고물, 계피가루, 거피 팥고물, 거피 녹두고물, 흑임자, 깨, 잣가루, 승검초가루 등 다양하며, 향애단처럼 쑥을 찧어서 쌀가루와 함께 반죽하여 삶아 고물을 묻혀 만들기도 한다.

3) 떡의 식품학적 의의

떡은 '별식'이었다. 명절이나 잔치같은 때에 먹는 특별한 음식으로, 밥처럼 일상식으로 먹는 것은 아니었다. 일 년에 몇 차례의 명절과 생일, 그리고 제사나 잔치 때에 꼭 떡을 만들어서 영양소를 고르게 보충하고 맛을 즐겼다.

(1) 재료배합의 합리성 및 새로운 맛 창출

떡의 특징은 재료 배합이 매우 합리적이라는 점이다. 떡의 재료는 쌀과 콩류(콩, 팥, 녹두, 청태 등), 쌀과 깨, 쌀과 호박, 쌀과 각종 견과(잣, 호두, 대추, 밤 등) 및 과일(살구, 복숭아, 곶감 등), 쌀과 채소(무, 상추 등) 등을 배합하여 영양상 균형을 꾀하였다.

또 향과 맛을 내기 위하여 쑥, 송기, 신검초, 마, 토란, 복령, 석이, 유엽(榆葉), 진달래, 국화, 장미, 계피, 오미자, 꿀, 치자, 생강, 유자, 솔잎 등 우리나라에서 생산되는 곡물, 견과류, 약이성 채소 등을 두루 이용하였다. 따라서 떡은 영양소의 상호보완 및 재료에 따른 다양한 맛을 즐길 수 있는 음식이다.

(2) 제조과정의 과학성

떡은 만드는 과정도 매우 과학적이다. 떡을 만들 때 쌀 녹말의 호화를 촉진시키기 위해 쌀가루에 물을 내려 수분을 충분히 주어 가루의 상태를 고르게 하고 아울러 공기의 혼입을 균일하게 한다. 이때 꿀물, 설탕물 등을 넣는 것은 단맛을 냄과 동시에 호화된 전분의 노화를 방지한다.

또한 각 고장의 기후풍토를 고려한 떡을 만들기도 하였다. 예를 들면 추운 고장에서는 추위를 견디기 위하여, 또 낮은 온도 때문에 쉽게 굳어지는 것을 방지하기 위하여 엿기름으로 당화시킨 찰떡을 만들고 이것을 다시 조청에 재워서 열량증가와 노화방지 효과뿐만 아니라 저장성까지 주고 있다.

또 송편 등 빚는 떡을 반죽할 때는 쌀가루에 뜨거운 물로 익반죽한다. 이것은 밀가루와 달리 글루텐(gluten)이 없는 전분의 특성을 고려한 것으로 익반죽을 하면 전분이 부분적으로 호화되어 모양 빚기가 쉽다.

[표 1-8] 각종 떡의 일반 성분

(가식부 100g 기준)

떡 \ 성분	에너지(kcal)	수분(g)	단백질(g)	지질(g)	회분(g)	탄수화물(g)	무기질(mg)					비타민(mg)				
							칼슘	인	철	칼륨	나트륨	A(RE)	B₁	B₂	나이아신	C
백설기	238	42.6	3.6	0.4	0.8	52.5	7	41	1.4	33	289	0	0.03	0	0.2	1
송편(깨)	209	48.7	3.5	1.4	0.8	45.6	19	52	1.1	36	215	0	0.04	0.01	0.4	0
시루떡(팥)	217	45.2	5.5	0.6	1.2	47.5	18	88	6.3	201	278	7	0.14	0.08	0.6	0
절편	201	51.3	3.6	0.3	0.8	43.9	10	39	2.5	31	266	3	0.01	0	0.1	1
증편	201	51.4	2.7	0.3	0.8	44.8	7	33	0.2	26	264	0	0	0	0.7	0
약식	244	40.8	3.7	2.2	0.9	52.3	11	33	2.8	65	289	0	0.09	0.08	0.9	0
인절미(팥고물)	204	49.1	4.2	0.9	1.0	44.8	16	37	1.9	58	269	0	0.06	0.02	0.7	0

*식품성분표 제8개정판, 농촌진흥청

(3) 각종 떡의 식품학적 특성

① 무시루떡

무시루떡은 무가 제 맛을 내는 가을철에 많이 해먹는 떡으로 쌀가루, 팥고물, 채 썬 무를 켜켜로 놓아 찌는 토속적인 떡이다. 주재료인 멥쌀에 부족한 비타민 B_1과 단백질을 고물인 팥이 보충해 주고, 쌀에는 거의 없는 비타민 C를 부재료인 무가 보충해 준다. 팥에 많이 함유되어 있는 비타민 B_1은 체내에 흡수된 당질을 연소시켜 에너지를 발생할 때 중요한 조효소(TPP, Thiamine pyrophosphate)로 작용한다.

'떡 줄 놈은 생각도 않는데 김칫국부터 마신다.'는 속담이 내포하고 있는 무의 소화력은 무에 풍부하게 들어있는 소화효소 아밀라아제 때문이다. 떡은 밥과 달리 조직이 치밀해서 소화가 잘 안 되는 편이나 무시루떡은 소화가 잘된다.

② 쑥떡, 콩가루 인절미, 콩설기

쑥떡, 콩가루 인절미, 콩설기 등도 주재료인 쌀 이외에 쑥과 콩을 섞음으로써 영양상 우수한 떡으로 평가된다. 쑥떡은 멥쌀가루에 어린 쑥을 섞어서 떡이 한층 쫄깃쫄깃하므로 미각을 돋운다. 또 쑥에는 단백질과 비타민 A, 비타민 C 등이 다른 채소에 비해 비교적 많이 들어있어 쌀에 부족한 영양소를 보충해 영양상의 조화를 이룬다.

콩가루 인절미와 콩설기도 콩에 함유된 우수한 양질의 단백질과 지질이 찹쌀이나 멥쌀의 구성 성분과 합류되어 영양상의 조화를 이룬다. 또 콩의 여러 가지 기능적인 효과까지 기대할 수 있다. 이밖에 농가에서 많이 해먹는 개떡도 쌀가루에 쑥을 넣어 찐 후 팥고물과 콩고물을 묻혀서 만들므로 쑥떡과 같은 재료 배합의 효과를 기대할 수 있다.

③ 약떡

우리 음식은 예부터 약식동원(藥食同源)에 근거하여 음식재료에 약효가 있는 식품을 사용하였다. 떡도 예외는 아니어서 건강 유지에 도움을 주는 떡이 많이 개발되어 전해지고 있는데, 이것을 흔히 '약떡'이라 부른다.

약떡은 곡류에 다양한 한약재를 섞어 만든 떡으로 체력향상과 질병치료효과를 꾀하였다. 한약재는 연육(蓮肉, 연밥), 산약(山藥, 마), 백복령(白茯苓), 의인인(薏苡仁,

율무), 맥아(麥芽), 백변두(白藊豆, 까치콩), 능인(菱仁, 마름열매), 시상(柿霜, 곶감의 흰가루), 검인(芡仁, 가시연밥) 등을 이용하였다.

백합떡은 백합(산나리)의 비늘줄기를 물에 씻어 말린 다음 멥쌀가루에 섞어 찐 떡으로 기혈(氣血)에 좋다. 향토 떡이기도 한 제주도의 쑥떡은 쑥이 많이 나는 3, 4월에 곡물가루와 섞어서 만들며 위장에 좋다.

전라도의 구기자화전은 구기자 잎을 이용한 것으로 구기자 잎에는 루틴(rutin)이 많아 고혈압인 사람이 먹으면 혈관벽을 튼튼하게 해주어 뇌출혈을 예방한다. 또 구기자 약떡은 찹쌀과 멥쌀을 가루로 빻을 때 구기자 열매를 함께 넣고 빻아 찐 떡이다. 구기자 열매는 간을 보호해 주고 동맥경화증을 예방하며 혈당량을 낮출 수 있어 당뇨병에도 좋다.

이렇게 몸에 이로운 약떡을 만들어 평상시에 먹어 왔다는 것은 선조들의 대단한 지혜이며 우리 떡 문화의 중요한 특징을 말해 준다.

(4) 전통 떡의 발전 가능성

식품으로서 우수성을 인정받고 있는 떡을 계승하고 발전시키기 위해서는 편리하게 이용할 수 있는 방법이 강구되어야 한다. 근래에 와서 떡은 많은 변화를 보이고 있다. 우선 떡의 종류가 다양하게 개발되어 선택의 폭이 넓어졌다.

한 손에 집을 수 있는 작은 크기의 떡, 케이크 모양의 떡뿐만 아니라, 온갖 아름다운 디자인과 색상으로 소비자의 시선을 사로잡는 떡이 나오고 있다. 이처럼 떡의 맛, 크기, 색상, 형태, 포장이 변화되면서 떡을 좋아하는 연령층이 점점 확대되고 있다.

근래에는 도넛이나 팬케이크 가루와 같이 인스턴트 떡가루가 시중에 나오고 있어 각 가정에서 떡을 직접 만들어 먹을 수 있는 기회가 많아졌으며 앞으로 떡의 소비가 훨씬 증대될 것이다. 또한 전통 떡류 중 기호성이 좋고 상품성이 있는 떡류의 장기저장 방법을 개발한다면 떡이 세계시장으로 진출하는 것도 가능할 것이다.

4. 한과

1) 식문화사적 배경

한과(韓菓)는 처음에 과일이 없는 계절에 곡식가루로 과일을 본떠서 만들어 자연의 과일 대신 제수로 삼았기 때문에 '조과(造菓)'라고도 하였다. 또 서양과자(양과)와 구분하여 한과라고도 한다. 한과는 고려시대에 이르러 불교가 호국 신앙이 되면서 육식의 절제, 음다풍속 등과 같은 식문화의 영향으로 급진적인 발달을 하게 되었다.

조선시대에 이르러서도 한과는 임금이 받는 어상(御床)을 비롯하여, 한 개인의 통과의례를 위한 의례 상차림에 반드시 진설되어야 할 필수 음식 중의 하나였다. 나아가 왕실을 중심으로 한 상류계급의 평상 기호식품으로도 각광을 받았으며 민간에서는 설음식으로 엿강정을 많이 만들어 먹었다.

이렇게 의례음식 또는 기호식품으로 각광받던 한과는 1900년대에 이르러 설탕이 수입되면서 양과자를 비롯한 당 제품에 밀려 쇠퇴하기 시작했고 오랫동안 서양과자류에 가려져 있었다.

최근에는 차 문화의 복원과 건강에 대한 관심이 높아지면서 한과를 많이 찾고 있다. 따라서 한과를 만드는 공장도 많아졌으며 모양이나 맛, 그리고 포장도 다양하게 발전하고 있다. 청와대의 국빈 선물 품목에도 한과가 올라있다.

이처럼 한과에 대한 관심은 높아지고 있지만 한과를 대중화하는 데에는 한계가 있다. 양과자는 밀가루와 설탕을 주재료로 하여 기계로 대량생산하지만, 한과는 곡물, 꿀, 종실류(깨, 잣, 호두)를 재료로 하여 정성스럽게 수공으로 만들기 때문이다.

이렇게 서양과자에 비해서 제조과정이 복잡하고 어려워 자연히 숙련자에게 의존하게 되어 한과를 만들 수 있는 기능자가 많지 않으며, 또 장기저장이 곤란하여 유통과정이 짧은 문제가 있으므로 이런 문제를 시급히 해결해야 한다.

2) 한과의 종류

한과는 유밀과, 다식, 유과, 정과, 숙실과류, 과편, 엿강정으로 대별할 수 있다.

(1) 유밀과

유밀과는 밀가루로 만든 과자를 이르는 것으로 약과류, 다식과, 연약과, 만두과, 박계(朴桂), 매작과, 은정과(銀丁果), 요화(蓼花)과 등으로 나눈다.

약과류는 밀가루에 꿀, 기름을 넣고 반죽하여 약과판에 찍어내 튀겨 즙청(꿀을 바르는 것)했다가 잣가루를 뿌린 것으로 유밀과 중에 대표적인 것이다. 최남선은 『조선상식문답(朝鮮常識問答)』에

[그림 1-13] 약과

서 "약과는 조선에서 만든 과자 가운데 가장 상품(上品)이며, 또 온 정성을 들여 만든다는 점에서 세계에서 그 짝이 없을 만큼 특색이 있는 과자"라고 칭송하였다. 다식과는 약과와 반죽은 같으나 다식판에 박아내어 튀긴 것인데, 깨나 콩가루를 꿀에 반죽하여 만든 다식(茶食)과는 다른 것이다. 연약과는 밀가루를 누렇게 볶아서 만드는 것으로 꿀을 적게 쓴다.

만두과는 약과와 같은 반죽에 대추를 곱게 다져 꿀과 계피가루를 넣고 소를 넣어 만두처럼 빚어서 기름에 튀긴 것이다. 박계(朴桂)는 밀가루에 소금과 꿀을 넣어 높은 온도의 기름에서 튀겨낸 것이며, 매작과는 생강즙과 물을 넣어 반죽해서 얇게 밀어 네모지게 썰어 세 번 칼집을 내어 기름에 튀긴 후 즙청한 것이다. 요화과는 메밀가루에 설탕을 넣어 반죽한 다음 조금씩 떼어 요화(여귀꽃)처럼 만들어 기름에 튀겨 꿀을 바르고 그 위에 튀긴 밥풀을 묻힌 것이다.

(2) 다식

다식은 판에 찍어내는 과자로 흰깨, 검은깨, 콩, 찹쌀, 송화, 녹두녹말 등 날로 먹을 수 있는 것들을 가루로 내어 꿀로 반죽한 다음 다식판에 박아 문양이 양각으로 나타나게 한 것이다.

필수 의례음식이기도 하며, 녹차와 함께 곁들여 먹으면 차 맛을 한 층 더 높여준다. 송화다식, 승검초다식, 콩다식, 흑임자다식, 쌀다식, 진말다식, 밤다식, 오미자다식 등이 있다.

(3) 유과류(강정, 산자)

유과는 찹쌀가루를 술로 반죽하고 쪄서 반대기를 만들어 여러 가지 크기로 잘라 말렸다가 기름에 튀겨 꿀(혹은 조청)과 고물을 묻힌 과자이다. 자른 모양과 크기에 따라 강정류, 산자류, 빙사과류 등으로 나눈다.

강정류는 반죽을 갸름하게 썰어서 튀긴 것이고, 산자류는 반죽을 네모 모양으로 편편하게 만든 것이다. 빙사과류는 반죽을 콩알만하게 썰어서 꿀에 버무려 틀에 부어 굳힌 후 다시 네모로 썬 것이다.

『음식디미방』에 의하면 "찹쌀가루를 술과 콩물에 반죽하여 꽈리가 일도록 치대어 밀어 말려서 기름에 지져 부

[그림 1-14] 강정류

풀게 한 다음 꿀물을 바르고 흰 깨, 물들은 쌀튀김, 승검초가루 등의 고물을 묻힌다."라고 기록되어 있다.

유과의 제법은 먼저 찹쌀을 술을 섞은 물에 담가 오래 불린 후 빻아서 가루를 낸 다음, 이 찹쌀가루에 콩물과 술을 섞어 반죽하여 푹 찐 다음 치대듯이 젓는다. 꽈리지게 치대는 것은 공기의 혼입을 고르게 하고 조직이 치밀해지게 하여 기름에 지질 때 고르게 팽창되게 하고 유과에 바삭한 질감을 주려는 것이다. 이렇게 치댄 반죽을 편편하게(반대기) 한 후, 원하는 크기로 잘라서 말린 다음 튀긴다.

말릴 때에는 표면이 먼저 건조하면 균열이 생기므로 바람을 피하고 자주 뒤집어가며 말린다. 사용되는 고물은 산자류의 경우 주로 밥풀과 매화고물이 사용되며, 강정류에는 매화뿐만 아니라 세반, 흑임자, 깨, 콩, 잣 등이 사용되어 종류가 산자보다 다양하다.

매화란 술에 담근 찰벼를 볶은 것으로 쌀이 터져 나오면서 꽃 모양으로 튀긴 것이고, 세반은 불린 찹쌀을 쳐서 덩어리지지 않게 하나하나 떼어 말려서 굵은 체로 걸러 굵은 것만 기름에 튀긴 것이다.

옛 문헌들을 보면 유과를 만드는 주원료로는 찹쌀이 이용되었고 그 외 주류와 대두류가 반죽할 때 쓰였으며 가열매체는 기름이었다. 『규합총서』에는 찹쌀대신

메밀가루와 밀가루를 섞어 쓰는 방법이 기록되어 있다.

(4) 정과(正果)

비교적 수분이 적은 식물의 뿌리나 줄기, 또는 열매를 살짝 데쳐 조직을 연하게 한 다음 꿀 또는 조청에 졸인 것으로 전과(煎果)라고도 한다. 달짝지근하면서도 쫄깃쫄깃한 맛이 특징으로, 섬유조직이 다 보이도록 투명하게 조려진 게 잘 된 정과이다. 물기가 있는 진정과와 마르게 만드는 건정과가 있다.

살구정과, 복숭아정과, 앵두정과, 모과정과, 연뿌리정과, 생강정과, 죽순정과, 도라지정과, 산포도정과 등이 있다.

(5) 숙실과

과일이나 식물의 뿌리를 익혀서 졸인 것으로 만드는 방법에 따라서 초류와 난류가 있다. 초류는 과일을 모양 그대로 익혀서 꿀에 졸인 것이고, 난류는 과일을 익힌 뒤 으깨거나 다져서 꿀에 졸여서 다시 원래 모양으로 빚어서 잣가루를 묻힌 것이다. 초류에는 밤초, 대추초 등이 있고 난류에는 생강란, 율란(밤), 조란(대추) 등이 있다.

(6) 과편(過片)

과일즙 또는 과일을 삶아 거른 물에 설탕이나 꿀을 넣고 조려서 엉기게 한 다음 식혀서 편으로 썬 것으로 서양의 젤리와 비슷한 과자이다. 과일의 종류에 따라 잘 엉기지 않는 것은 녹두 전분을 사용하기도 한다. 새콤달콤한 맛이 일품이며 말랑말랑하고 매끄러워 입안에 넣었을 때의 느낌도 매우 좋다.

과편을 만들 때 쓰이는 과일은 주로 신맛이 나는 앵두, 살구, 산사자(山査子, 아가위), 모과 등이며, 복숭아, 배, 사과와 같이 과육(果肉)의 색이 변하는 것은 잘 쓰지 않는다.

[그림 1-15] 과편

[표 1-9] 한과류의 재료 및 조리방법

한과	재료	조리방법
유밀과	밀가루, 기름, 꿀	밀가루에 꿀과 기름을 넣어 반죽한 후, 기름에 튀겨 즙청하는 것으로 약과가 대표적이다.
다식	깨, 송화, 콩, 녹두전분 등	생(生)으로 먹을 수 있는 재료들을 가루로 만들어 꿀로 반죽한 후, 다식판에 찍어낸다.
유과	찹쌀가루, 기름, 조청, 각종 고물	찹쌀가루를 술로 반죽한 후, 쪄서 편편하게 한 다음 원하는 모양으로 잘라서 말린다. 말린 후 기름에 튀겨서 조청과 고물을 묻힌다.
정과	연뿌리, 도라지, 죽순, 살구, 앵두, 복숭아 등	재료를 살짝 데친 후, 꿀 또는 조청에 조린다.
숙실과	밤, 대추, 생강 등	재료를 익혀서 꿀에 조리며, 종류로는 초류와 난류가 있다.
과편	과일즙(앵두, 살구, 산사자 등), 설탕 또는 꿀, 녹두전분	과일즙에 설탕이나 꿀을 넣고, 조린 다음 식혀서 편으로 썬다. 잘 엉기지 않을 때에는 녹두전분을 이용한다.
엿강정	쌀, 보리, 깨, 땅콩, 콩, 엿	깨·콩·곡류 볶은 것과 견과류(잣, 땅콩 등), 팽화곡류 등을 조청에 버무려 편편하게 만들어 적당한 크기로 썬다.

3) 한과의 식품학적 의의

한과는 방부제를 쓰지 않아도 잘 변하지 않는다는 장점이 있다. 오늘날 가장 많이 이용하는 유과를 보더라도, 찹쌀을 먼저 술물에 발효시킨 다음 가루로 만들어 쪄서 다시 말린 후 기름에 튀긴다. 또 설날에 많이 먹는 엿강정 역시 주재료인 엿이 곡물을 발효시켜 당화시킨 것이므로 잘 상하지 않는다.

유과류뿐만 아니라 유밀과류도 비교적 방부성(防腐性)이 강한 꿀을 넣고 반죽하여 기름에 튀겨서 집청꿀에 담갔다가 꺼낸 것이므로 잘 상하지 않는 특성을 지닌다. 이밖에 각종 정과류나 숙실과류도 대개는 주재료를 조청이나 설탕에 오랫동안 조려서 만든 것이므로 맛이 쉽게 변하지 않는다.

한과의 주요 재료인 꿀, 곡류, 종실류 등은 건강에 도움을 주는 식품들이다. 꿀은 단맛을 제공할 뿐만 아니라 주성분인 탄수화물은 거의 전화상태인 포도당과 과당으로 존재하므로 소화흡수가 잘된다. 또한 한방에서는 찹쌀은 멥쌀보다 소화가 잘되어 위장을 보할 뿐만 아니라 중초(中焦, 심장과 배꼽의 중간)의 기(氣)를 보한다고 한다.

잣, 호두, 깨, 땅콩 등의 종실류는 필수지방산과 비타민 등 영양소를 공급한다. 뿐만 아니라 승검초(신감채, 辛甘菜 : 뿌리를 당귀라 한다), 행인(살구씨), 복분자, 송화가루 등 한약재가 쓰이고 있어 건강 유지에 도움을 준다. 가장 많이 이용되는 유과류를 보더라도 찹쌀에 콩국을 넣어 반죽하여 참깨, 들깨 등을 조청과 함께 입힌 것이 인체에 필요한 단백질과 지질이 조화를 이룬 과자이다.

한과는 모양이 아름답다. 그중에서도 다식은 찍어내는 다식판의 무늬가 정교하고 다양하여 예술적인 도구로 꼽히고 있다. 다식은 형태뿐 아니라 색깔도 다양하게 표현된다. 곧 오색다식이라 하여 송화가루로 노랑색을, 검은깨로 검은색을, 승검초가루로 녹색을, 오미자물로 붉은색을, 찹쌀가루로 흰색을 나타내어 우리의 전통 오방색(靑, 赤, 黃, 白, 黑)을 만들어 낸다.

기름에 튀겨낸 강정 또한 색이 아름다운데, 기름에 갓 튀긴 강정은 고치 모양의 흰색이다. 여기에 조청이나 꿀을 바른 다음 깨, 잣가루, 콩가루, 분홍색 세반, 흰색 세반 등을 묻혀 여러 가지 색을 나타낸다. 이밖에 과편도 딸기, 살구, 앵두 등의 주재료가 지닌 자연색을 그대로 살린 것으로 그 빛깔이 아름답다.

한과는 지역에 따라 다양한데, 개성의 모약과, 여주의 땅콩강정, 가평의 송화다식, 강릉의 산자, 충청도의 수삼정과, 창평의 구기자 강정 등 그 지역에서 생산되는 산물을 이용한 한과와 지역의 음식문화 발달에 따라 변화된 한과 등, 향토성이 강한 한과들을 볼 수 있다. 이것은 여러 가지 새로운 식재료를 이용하여 한과의 다양화 및 변화를 꾀 할 수 있다는 가능성을 보여준다. 따라서 한과의 현대적인 변화도 예상할 수 있다.

그러나 여러 가지 장점을 가지고 있는 한과를 보다 널리 알리고 보편화하는 데에는 몇 가지 문제가 있다. 먼저 기름에 튀기는 한과의 경우 산패를 일으킬 수 있다. 과거 조상들은 잘 달구어진 솥뚜껑에 고운 자갈이나 모래 또는 소금을 달구어서 튀겨내었다. 따라서 오랫동안 저장하여도 산패되지 않고 신선한 바삭거림과 맛을 유지하였다.

따라서 산패를 막기 위해서 적정 항산화제를 처리하거나 공기팽화 및 마이크로웨이브(microwave)에 의해 팽화시키는 방안들이 연구되고 있다. 또한 강정의

경우, 여름철에는 엿이나 꿀이 녹거나 흘러내려 상품성이 떨어지는 경우가 있는데 이러한 강정류의 상온유통이 가능하도록 새로운 결착제를 개발하고 품질을 향상시키는 방안이 연구되고 있다. 또한 대량생산을 위한 장비화 및 자동화 생산라인의 구축에 대한 연구도 진행되고 있다.

5. 면류

1) 식문화사적 배경

면류는 곡분을 가공하여 만든 전통적인 음식으로 밥류와 함께 주식의 위치에서 그 맥을 이어왔다. 우리나라 전래풍습에서는 면요리가 생일, 혼례, 빈례용 필수 음식이었다.

국수의 길게 이어진 모양과 연관 지어 생일에는 수명이 길기를 기원하는 뜻으로, 혼례에는 결연(結緣)이 계속 이어지기를 원하는 뜻으로 길(吉)을 상징하는 국수를 나누어 먹는 일이 축하를 함께 나누는 의미가 되었다. 면상에는 전, 잡채, 병과류, 음청류와 같은 음식을 기본품목으로 하고 여기에 국수장국이나 냉면을 차린다.

우리나라에서 면류음식은 문헌상으로나 고고학적인 배경으로나 삼국시대에 이미 자리 잡았다고 볼 수 있으며, 고려시대와 조선시대를 거치면서 종류도 많아지고 쓰임새도 다양해졌다.

우리의 전통적인 면은 녹말국수(녹두전분), 메밀국수(메밀전분)가 주였고 밀국수(밀가루)는 적었다. 이것은 한반도가 밀농사에 적합하지 않았기 때문이다. 옛날에는 잔치 때 국수장국에 마는 국수는 흰 밀가루 국수가 아닌 회백색의 메밀국수를 썼으며 일본음식으로 알려진 소바(메밀국수)는 우리나라에서 일본으로 건너간 음식으로 추정하고 있다.

메밀국수는 메밀 자체가 탄력성이나 끈기가 없어서 밀가루나 전분을 섞어서 만드는데, 섞는 가루의 비율에 따라 끈기가 달라진다. 우리나라에서는 국수를 '뺀다'라고 한다. 전통적으로 바가지에 구멍을 뚫어놓고 익반죽한 메밀가루 등을 바가지에 부어 바가지를 통해 뺀 것을 찬물에 받아 굳혀서 만들었다. 밀가루와 달리 끈기가 없는 녹두, 메밀, 쌀 등의 재료를 이용한 국수 만드는 방법이었다.

향토음식의 성격을 지니는 면류도 개발하였는데 추운 고장에서는 냉면을, 중부지역에서는 국수장국을 개발하여 각기 명물음식으로 즐겼다. 『시의전서(是議全書)』에는 "무를 넣은 고기 장국에 국수를 토렴하여 말고 잡탕국 위에 웃기를 얹는다."고 하면서 이것을 온면(溫麵)이라 하였다.

이와 같이 국수국물도 다양한 재료를 이용하여 간장국, 오미자국, 꿩 삶은 고기장국 등이 쓰였으며, 온도에 따라 냉면과 온면으로 나누어지고, 또 국물이 없는 비빔면 등을 먹어왔다.

2) 면의 종류

오늘날의 면류는 밀가루를 주원료로 하는데 그 외 메밀, 고구마 등의 전분을 사용하는 여러 종류의 면도 제조되고 있다. 메밀국수, 당면, 냉면 등은 전분으로 만든 것이고, 국수, 마카로니 등은 밀가루로 만든 것이다.

(1) 칼국수

조선시대 최고의 요리서인 『음식디미방』에는 칼국수(切麵)의 주재료로 메밀가루를 사용하고 연결제로 밀가루를 섞고 있다. 『주방문(酒方文)』에서는 메밀가루를 찹쌀 끓인 물로 반죽한다. 『고려도경(高麗圖經)』에 의하면 "고려에는 밀이 적기 때문에 화북(華北)에서 수입하고 있다. 따라서 밀가루 값이 매우 비싸서 성례(成禮) 때가 아니면 먹지 못한다."고 하였다. 궁중연회에 쓰이는 국수도 메밀 또는 녹말이 주재료였다.

오늘날은 칼국수에 밀가루를 많이 쓰고 있으나 앞의 문헌에 나타난 것처럼 옛날에는 우리나라에 밀가루가 그리 흔하지 않아서 주로 메밀가루를 썼다. 단지 밀의 수확기인 여름에는 햇밀가루로 칼국수를 만들어 계절음식으로 하였는데 묵은 쌀에 비하여 햇밀로 만든 칼국수가 입맛을 돋우었다. 칼국수는 반죽을 홍두깨로 밀어서 편편하게 한 후 칼로 썰어서 면을 만들었다[그림 1-16].

메밀에는 단백질이 13~15% 함유되지만 물로 반죽하여도 밀가루와 같은 점성, 탄성이 생기지 않는다. 따라서 메밀가루만으로 만들어진 국수는 끊어지기 쉽기 때문에 연결제로서 밀가루를 섞는데 밀가루 이외에 녹말, 달걀 등도 연결제로 이용하였다.

[그림 1-16] 칼국수 제조

『음식디미방』, 『주방문』에서는 메밀에 녹말을 섞어 칼국수를 만들고 있는데, 이때 뜨거운 물로 반죽하여 녹말을 호화시켜 점성을 증가시킨 면을 만들었다. 막국수는 삶아서 건진 메밀국수에 각종 고명과 양념을 얹은 것으로 강원도에서 많이 먹는데 특히 춘천막국수는 유명하다.

또 경북 안동의 명물음식으로 건진국수가 있다. 이것은 밀가루, 콩가루 반죽의 칼국수를 익혀 찬물에서 건져냈다 하여 생긴 이름이다. 그런데 조선시대의 국수는 삶아낸 후 반드시 냉수에 담그고 있었다. 국수를 삶아내면 표면의 전분이 호화되어 점착력이 증가할 뿐만 아니라 국물이 흐려지게 된다. 또 삶아낸 후에도 여열(餘熱)이 남아 있으면 속까지 호화가 진행되어 물을 빨아들여 끈기가 약해져서 퍼져버리기 때문이다.

따라서 삶은 국수를 냉수로 헹구면 표면의 끈끈한 전분이 제거되고 호화의 진행을 그치게 함으로써 발이 질긴 국수가 된다. 조선시대에 이미 요리의 과학적 지식이 조리에 활용되고 있었다.

(2) 냉면

냉면은 우리나라의 대표적인 음식의 하나로 인정받고 있다. 『증보산림경제』에는 오늘날의 냉면 국수처럼 메밀가루와 녹두가루를 섞어서 쓰는 방법이 설명되어 있다. "메밀가루 1말에 녹두가루 2되(1말=10되)를 반죽하여 국수틀에 넣어 압착하여 국수를 뽑아내어 장수(醬水)에 삶아 먹는다."고 하였다. 이 압착면이 오늘날의 냉면이다.

냉면은 겨울철에 먹는 것이 제격이다. 영하의 추위에 찬 것을 먹어서 오히려 추위를 달랜 이냉치냉(以冷治冷)이었다. 냉면은 주로 북부지방에서 발달하였고, 남부지방은 밀가루국수가 많다. 냉면도 지방에 따라 특색이 있는데, 특히 평양냉면의 명성이 높아서 평양에서는 냉면이 그냥 국수라고도 통한다. 『동국세시기』에도 냉면은 관서(關西)의 것이 최고라고 하였다.

흔히 물냉면으로 알려진 평양냉면은 메밀을 주원료로 사용하여 잘 끊어지는 특성이 있고, 비빔냉면으로 알려진 함흥냉면은 감자나 고구마 전분을 주원료로 하여 잘 끊어지지 않으며 질긴 특성이 있다.

밀가루를 원료로 하면 글루텐의 점성 때문에 쉽게 국수를 만들 수 있으나, 다른 곡분(穀粉)이나 전분을 원료로 사용한 경우에는 국수발을 끓는 물속에 밀어 넣는다. 그러면 녹말은 호화하여 강한 점성을 나타낸다. 이와 같이 냉면은 작은 구멍으로 밀어내어 열탕 속에 호화시켜서 면을 만들므로 당면과 같은 원리이다.

제2절 전분질 이용 식품

묵(starch jelly)은 다른 나라에서는 찾아볼 수 없는 우리나라 고유의 식품으로 조선 초기부터 가정에서 제조하였다고 전해지고 있으나 제조방법에 대한 문헌은 거의 찾아볼 수 없다.

묵은 각종 전분을 이용하여 만든 제품이지만 묵에 이용되는 것은 주로 메밀, 녹두, 도토리로 한정되어 있다. 묵의 이용은 계절에 따라 달랐고 계층간에도 차이가 있었다.

녹두묵은 봄에 청량한 맛으로 먹었고 도토리묵은 여름, 가을에 쌉싸름한 맛으로 먹었으며 메밀묵은 겨울에 텁텁한 맛으로 먹었다. 또 녹두묵은 양반층에서, 메밀묵과 도토리묵은 서민층에서 주로 이용하였다.

묵은 전분이 주성분이어서 별다른 맛은 없지만 향이나 질감이 독특해 채소에 부재료로 넣거나 무쳐서 양념 맛으로 먹는 음식이다. 녹두 전분으로 쑨 청포묵은 봄에 나오는 미나리와 물쑥, 숙주를 섞어서 초장으로 무치거나 담백하게 소금과 참기름만 넣어 무치기도 하고, 도토리묵은 오이나 쑥갓 등의 채소를 섞고

고춧가루 등 맛이 진한 양념간장(진간장)으로 무친다. 겨울철 밤참으로 즐겨 먹던 메밀묵은 배추김치를 송송 썰어서 함께 무쳐야 제맛이 난다.

묵은 전분을 가열하여 호화시키고 냉각하여 응고(겔화)되는 물리적 성질을 이용한 것이다. 겔화(gel화)된 전분의 투명도, 맛, 조직의 탄력성 등은 전분의 종류에 따라 다르고 굳어지는 정도는 전분의 농도, 가열 시의 온도 및 전분의 아밀로오스와 아밀로펙틴의 비율 등과 관계가 있다.

아밀로펙틴만으로 구성되어 있는 찰전분은 겔화가 느리게 일어나고 아밀로오스를 함유하고 있는 메전분은 쉽게 겔화한다. 전분풀이 식는 동안에 전분분자들 사이의 결합에 의해서 겔이 형성된다. 아밀로펙틴의 가지 사이에 형성된 결합은 아주 약하나 아밀로오스 사이의 결합은 강하고 결합이 쉽게 형성된다.

같은 메전분 중에서도 도토리, 메밀, 녹두전분(묵전분)이 옥수수, 쌀, 밀전분(비묵전분)에 비해 아밀로오스 함량이 많고 아밀로오스 분자도 크다. 또한 겔 강도도 높으며 지질 함량은 적다.

일반적으로 겔 강도는 가열시간이 길수록, 아밀로오스 함량이 많을수록 커지나 지나치게 가열하거나 저어주면 전분입자가 일부 붕괴되어 점도가 저하되고 겔 강도는 감소된다.

또 전분입자가 최대로 팽윤되고 최고 점도에 달했을 때 냉각시킨 것이 겔(gel) 강도가 가장 크며, 저온에서 냉각시키면 더 강한 겔이 형성된다. 비묵전분은 겔화는 되지만 단단하지 않아 자를 때 깨끗하게 잘리지 않고 뭉그러진다. 완성된 묵은 손가락으로 눌렀을 때 탄력성 있는 것이 잘된 것이며, 묵이 잘 깨지는 것은 순수한 묵전분의 함량이 낮기 때문이다.

1. 녹두묵(청포)

1) 녹두(mung bean)의 성분

녹두(綠豆)는 팥의 일종으로 녹색을 띠어 녹두라 하며 팥과 비슷한 형태이나 팥보다 작다. 팥보다 펜토산(pentosan), 갈락탄(galactan), 덱스트린, 헤미셀룰로오스가 많아 점성이 높으며 녹두묵, 당면, 과편 등은 녹두의 높은 점성을 이용하여 만든 것이다.

녹두의 이용은 다양하여 마치 콩과 팥을 겸한 것과 같다. 즉, 녹두누룩, 녹두떡, 녹두묵, 녹두밥, 녹두응이, 녹두죽, 녹두전병(빈대떡), 녹두다식, 녹두만두, 녹말편 등이 있고 이외에도 숙주나물이 있다. 이들은 대개 녹두의 전분, 즉 녹말(綠末)을 이용한 것으로 엷은 황록색을 띠는데 특히, 녹두묵과 녹두빈대떡의 황색이 그러하다.

녹두를 차로 대용하면 고혈압, 당뇨병 및 비대증에 효과가 있다. 특히 고혈압인 경우에는 이뇨 작용을 촉진하여 혈액을 깨끗하게 하며, 갈증을 없애주는 효과가 있어 당뇨병 식품으로도 권장한다.

녹두는 성분상 탄수화물이 57% 정도로 많으며, 녹두 전분의 아밀로오스 함량은 28.0%이다. 지질은 적고(1.5% 정도) 단백질은 22% 정도로 적은 양이 아니며 대부분이 수용성이다. 아미노산은 글루탐산(glutamic acid)이 가장 많고 메티오닌이 가장 적게 함유되어 있다.

[표 1-10] 녹두 및 녹두묵의 일반 성분

(가식부 100g 기준)

성분 식품	에너지 (kcal)	수분 (g)	단백질 (g)	지질 (g)	회분 (g)	탄수화물 (g)	무기질(mg)					비타민(mg)				
							칼슘	인	철	칼륨	나트륨	A(RE)	B₁	B₂	나이아신	C
녹두	354	10.9	22.3	1.5	3.3	62.0	100	335	5.5	1323	3	12	0.40	0.14	2.0	0
녹두묵	36	90.8	0.1	0	0.1	9.0	5	32	0.4	4	17	0	0	0	0.2	0

*식품성분표 제8개정판, 농촌진흥청

필수아미노산 중 류신, 라이신, 발린(valine)은 풍부하나 동물성 재료에 주로 많이 들어 있는 메티오닌, 트립토판, 시스틴(cystine)은 적게 들어 있다. 지질은 적지만 리놀레산, 리놀레닌산이 많아 우수하다.

최근의 연구에서는 거피녹두와 통녹두 전분을 이용한 청포묵 중, 통녹두를 이용한 청포묵이 페놀성 화합물과 플라보노이드의 함량이 많아 항산화 활성이 높고 묵의 품질을 개선하는 것으로 보고되었다. 그러므로 청포묵 제조 시 녹두의 껍질을 제거하지 않고 제조하는 것이 편리성 및 식품의 기능성 향상의 측면에서 긍정적이다. 그러나 식감의 측면에서는 고려해야 할 점이 있다.

2) 녹두묵의 제법

묵을 만들기 위해서는 먼저 재료 중의 전분을 분리해야 한다. 녹두묵은 녹두를 굵게 갈아 물에 불려서 껍질을 제거한 후 맷돌(혹은 믹서)에 갈아서 무명자루에 넣어 물을 부으며 주무른다. 이때 나오는 뽀얀 물을 모아두면 앙금이 가라앉게 되고 이 앙금을 한지에 놓아 말려서 녹말가루로 이용한다.

녹두 녹말은 날이 더우면 빨리 쉬어 삭아버리고 또 삭은 녹말은 묵을 쑤어도 잘 엉기지 않는다. 따라서 앙금은 쌀쌀한 봄날에 말린다.

녹두묵의 제법은 물 4ℓ를 솥에 끓이고 물 2ℓ에 녹두분말 2ℓ를 풀어서 끓는 물에 푸는데, 녹두분말이 가라앉지 않게 주걱으로 저으면서 조금씩 부어 익힌다. 묽은 죽과 같이 엉기면 그릇에 담아 냉각시켜 녹두묵, 즉 청포묵을 만드는데 청포묵의 색깔은 연하여 백색에 가깝다.

[그림 1-17] 녹두묵

황색의 녹두묵이 있는데 이를 황포라고 한다. 황포는 치자물로 색깔을 낸 것으로 치자열매[그림 1-18]의 황색색소는 알파-크로세틴(α-crocetin)이라고 하는 카로테노이드(carotenoid)계 화합물이다.

묵은 마지막의 식혀서 굳히는 과정까지 정성을 들여야 좋은 묵을 만들 수가 있는데 자연스럽게 식히면서 굳혀야 매끄러운 묵이 된다. 빨리 굳히려고 냉장고에 넣으면 뻣뻣해진다.

[그림 1-18] 치자열매

2. 메밀묵

1) 메밀(buck wheat)의 성분

메밀은 단백질 함량이 약 12%이며 우수한 단백질로서 쌀 등의 다른 곡류에 비해 단백가가 높다(메밀 80, 쌀 72, 밀가루 47). 필수아미노산으로 라이신, 시스틴, 트레오닌, 트립토판 등이 많다.

특히 강원도산의 메밀에는 아르기닌(arginine)이 많이 함유되어 있으며 국내산 중에서 맛이나 질이 우수한 것으로 정평이 나 있다. 비타민 B_1, B_2의 함량이 쌀의 3배 정도이며 칼슘, 인, 철, 마그네슘 등의 무기질도 풍부하다.

메밀의 주성분인 전분의 아밀로오스 함량은 26.4%이다. 그러나 끈끈한 단백질인 프롤라민이 밀처럼 많지 않아서 제면에는 부적당하여 메밀국수 제조 시에는 밀가루와 같이 사용해야 한다. 메밀은 쌀, 보리 등에 결핍되기 쉬운 영양성분을 보충해 주는 곡물로서 가장 우수하며, 수입 메밀보다는 국내산 메밀이 영양적 가치가 더 높다.

메밀의 생리활성 성분인 루틴은 혈압을 내리게 할 뿐만 아니라 혈관벽을 튼튼하게 한다. 약제로서 루틴을 섭취하기보다는 소량이라도 식품으로 섭취하는 것이 인체에 유익하다. 메밀가루 중의 루틴 함량은 17.30mg/100g이다.

메밀은 근래에 와서 변비, 동맥경화증, 고혈압, 중풍, 암 등의 예방과 치료에 효과가 있다고 하여 식이요법 식품으로 크게 주목받고 있다.

[표 1-11] 메밀 및 메밀묵의 일반 성분

(가식부 100g 기준)

성분 식품	에너지 (kcal)	수분 (g)	단백질 (g)	지질 (g)	회분 (g)	탄수화물 (g)	무기질(mg)					비타민(mg)				
							칼슘	인	철	칼륨	나트륨	A(RE)	B_1	B_2	나이아신	C
메밀	374	9.8	11.5	2.3	1.7	74.7	18	308	2.6	477	14	17	0.46	0.26	1.2	0
메밀묵	61	84.5	1.7	0.2	0.6	13.0	6	40	0.2	23	111	0	0.01	0.01	1.1	0

*식품성분표 제8개정판, 농촌진흥청

또한 메밀을 정신노동 직업인의 소화성 식품으로 권하는데 그 이유는 배아가 뒤섞여 있는 메밀가루 속에는 전분분해효소, 지방분해효소, 산화효소 등이 많기

때문이다. 특히 메밀을 빻아 금방 만든 가루가 효과적인데 이는 가루상태로 오랫동안 저장해 두면 효소가 작용하여 메밀 고유의 특성이 없어지기 때문이다.

2) 메밀묵의 제법

메밀을 더운물에 담가 불린 후 절구에 넣어 찧는다. 찧은 후 물을 부어 체에 밭친 다음 앙금을 가라앉히고 윗물을 따라 버린다. 앙금인 전분에 물을 부어 죽을 쑤는데, 미리 솥에 물을 펄펄 끓이다가 앙금에 물을 타서 저어가면서 부어 끓인다. 풀 쑤듯이 쑤어서 익었을 때 그릇에 담아 냉각시키면 메밀묵이 된다.

3. 도토리묵

1) 도토리(acorn)의 성분

참나무과에 속하는 수종은 매우 다양하지만, 열매를 이용하는 것으로는 참나무(도토리나무, 상수리나무), 졸참나무, 떡갈나무, 갈참나무 등이 있다. 이 종실을 총칭하여 도토리라고 부르는데, 도토리의 종류는 약 28종으로 옛날부터 기근이 들었을 때 구황식품으로 사용되어 왔다. 오늘날에는 묵을 만드는 것 이외에 가축의 사료로 이용하는 등 수요가 증가하고 있다.

이탈리아, 스페인에서도 도토리를 이용하여 빵이나 과자를 만들고 북미의 인디언들은 도토리 죽을, 일본에서는 떡을 만들어 먹는다고 한다.

도토리는 탄수화물이 대부분이고 약간의 단백질과 지질을 함유하고 있으며 떫은맛 성분인 탄닌이 7.5% 정도 함유되어 있다. 도토리 전분의 아밀로오스 함량은 28.8%이다.

탄닌은 식물의 갈변 원인이 되는 폴리페놀성 화합물을 총칭하여 말한다. 탄닌은 수렴성(收斂性) 떫은맛을 가지며 철염에 의하여 흑색 침전을 일으킨다. 물에 용해되므로 도토리를 식품에 이용할 때에는 물에 담가서 탄닌을 추출한 후에 이용한다. 도토리의 탄닌 성분인 갈릭산(gallic acid)은 도토리 분말에 83.38mg/100g, 도토리 전분에 4.97mg/100g, 도토리묵 건조분말에 3.70~6.78mg/100g 함유되어 있다.

[표 1-12] 도토리 및 도토리묵의 일반 성분

(가식부 100g 기준)

성분\n식품	에너지\n(kcal)	수분\n(g)	단백질\n(g)	지질\n(g)	회분\n(g)	탄수화물\n(g)	무기질(mg)					비타민(mg)				
							칼슘	인	철	칼륨	나트륨	A(RE)	B₁	B₂	나이아신	C
도토리	230	44.9	4.4	3.0	1.1	46.7	16	84	0.6	-	-	2	0.01	0.06	0.8	9
도토리묵	43	89.3	0.2	0.2	0.1	10.2	6	26	0.4	8	55	0	0.01	0.02	0	0

*식품성분표 제8개정판, 농촌진흥청

2) 도토리묵의 제법

도토리는 9월 하순에서 10월 중순에 자연 낙하한 것을 모아 햇볕에 말린 후 절구에 찧어 외피를 제거하고 굵은 입자 그대로 2~3일간 물에 담가 탄닌을 제거하여 탈삽(脫澁)한다. 이것을 맷돌에 갈아 죽같이 되면 포대에 넣어 물을 부어가며 걸러내고, 걸러낸 액을 방치하여 앙금이 가라앉게 한다.

앙금에 물을 넣어 솥에서 가열하면 반투명한 차(茶)색의 묵이 된다. 또한 앙금을 건조하면 적색 전분이 얻어지는데, 이것에 다른 곡식(기장, 팥, 콩 등)의 가루와 섞어 범벅이나 떡을 만들기도 한다. 도토리묵의 차색은 도토리에 함유되어 있던 탄닌의 착색에 의한 것이다. 요즘 시판되는 도토리묵에는 인공색소를 사용한 것이 있으므로 유의해야 한다.

제3절 곡류 이용 발효식품

1. 식혜(食醯)

1) 식문화사적 배경

우리나라의 음청류 중 가장 고유한 것은 식혜라 할 수 있다. 1800년대 말경의 『시의전서(是議全書)』에는 곡물과 엿기름으로 감주를 만들고 여기에 유자를 섞어 산미를 더한 것을 식혜(食醯)라 하였다.

[그림 1-19] 식혜

식혜는 감주 또는 단술이라고도 하며 엿기름에 의해 맛이 영향을 받는다. 엿기름에 들어 있는 아밀라아제는 쌀 전분을 가수분해하여 덱스트린, 맥아당(maltose), 글루코스(glucose) 등을 생성한다. 이것을 가열, 농축하여 마시는 음료로, 특히 제례(祭禮), 연례(宴禮) 등에 빼놓을 수 없는 식품이다. 식혜의 독특한 풍미는 당화과정에 의하여 생성되는 맥아당에서 비롯되므로 식혜제조에서 엿기름의 역할은 매우 중요하다.

2) 엿기름의 제조

(1) 원료

엿기름은 보리에 수분을 흡수시켜 적당한 온도에서 발아시킨 후 말려서 마쇄하여 가루로 만든 것이다. 엿기름 제조에 사용하는 원료보리는 단백질이 많고 아밀라아제를 많이 생성하는 품종을 사용한다. 보리는 발아율이 높고 낟알 모양이 고른 것이 좋다. 일반적으로 겉보리가 쌀보리보다 발아기간 중 뿌리나 싹의 성장이 빠르며 발아율도 좋아서 겉보리(육조대맥)를 주로 이용한다.

원래 보리는 아밀라아제가 없지만 발아한 보리는 아밀라아제를 가지고 있어 효소활성이 높다. 이런 이유로 발아한 보리는 포도당, 덱스트린, 알코올 등의 제조에 이용되고 제빵, 의약품에도 이용된다.

(2) 제조법

물을 충분히 흡수시킨 보리를 물기가 있는 가마나 발아상을 이용하여 15℃ 정도로 유지하면서 발아시키는데 장맥아의 발아일수는 14~17일이다.

식혜용 맥아는 보리알의 1.5~2배 길이로 발아하는 장맥아(long malt, 저온에서 발아)로 기르는데, 장맥아는 싹이 짧은 단맥아(short malt, 고온에서 단시간 발아)보다 아밀라아제 작용이 1.5배 정도 강하여 식혜나 물엿 제조에 이용된다. 단맥아는 전분 함량이 많아 맥주제조에 이용된다.

[그림 1-20] 장맥아

겉보리를 이용하여 엿기름을 제조하는 과정은 다음과 같다.

> **엿기름 제조**
> 겉보리 → 침수 → 발아 → 교반 → 건조 → 마쇄 → 엿기름

3) 식혜 제조

녹말질 원료는 모두 단술의 원료로 사용할 수 있으나 일반적으로 쌀을 많이 이용한다. 쌀은 도정도가 높거나 품질이 좋은 것을 쓸 필요는 없으나 멥쌀보다 찹쌀을 쓰면 당화가 더 잘 된다.

식혜를 만들 때에는 쌀, 엿기름, 물의 양이 잘 조화되어야 맛있는 식혜가 된다(예; 쌀:엿기름:물 = 1:1:8). 감미가 많고 흰색을 띠는 것이 좋은 식혜이다. 엿기름이 많으면 감미는 높으나 색깔이 진하고 엿기름이 적으면 색깔은 좋으나 감미가 떨어진다. 일반적으로 엿기름 용출액의 당도가 4%일 때가 적당하다.

식혜의 제조과정은 다음과 같다.

> **식혜 제조**
> 쌀 → 수세 → 밥짓기 → 식히기 → 엿기름과 섞기 → 당화 → 가열 → 식혜

체에 친 고운 엿기름가루를 찬물에 잠깐 담가 두었다가 주물러서 고운체에 걸러 가라앉힌다. 이때 엿기름의 아밀라아제가 용출된다. 찹쌀 또는 멥쌀을 찌거나 된밥을 지어 뜨거울 때에 보온밥솥에 담고, 가라앉혀 둔 엿기름의 윗물을 고운체에 걸러 부어서 두면 4~5시간쯤 뒤에 밥알이 뜨기 시작한다.

아밀라아제의 최적온도는 50~60℃이고 최적 pH는 4~6이므로 이 조건에서 약 6~7시간 유지하면서 당화시켰을 때 환원당의 함량이 가장 커서 식혜의 감미가 높아진다. 당화 시 온도가 30~40℃로 내려가면 초산균과 젖산균에 의해 산패될 수 있으므로 당화가 끝나면 곧 가열한 후 냉각하여 저장성을 가지게 한다.

식혜의 밥알을 뜨게 하려면 밥알의 단맛이 남아 있지 않게 하여야 한다. 밥알에 단맛이 남아 있으면 잘 뜨지 않는다. 식혜를 잠시 끓여 밥알이 또렷해지면 건져내고 찬물에 충분히 헹궈 물에 잠시 담근다. 단맛이 완전히 없어지면 건져서 물기를 뺀다.

단맛을 강하게 하고자 할 때는 밥알을 건져낸 식혜물에 설탕을 넣고 끓인다. 이때 거품이 생기면 계속 걷어내 깨끗하게 한 후 물기 뺀 밥알을 넣는다.

4) 식혜의 식품학적 의의

식혜는 음료이지만 다른 음료와 달리 쌀을 이용해서 만든 것이므로 공복 시에 먹으면 포만감이 생겨서 약간의 요기가 된다. 식혜에는 소화효소가 많이 들어 있어 소화에 도움을 주며 피로회복에도 좋다. 또 시중의 섬유음료보다 섬유질 함량이 많다.

『조선요리학(朝鮮料理學)』에는 "외관으로도 미술학적이고, 그 맑고 담백한 맛은 중국의 일등 품질의 차라도 우리의 식혜만은 못할 줄로 생각한다. 식혜를 늘 먹으면 소화가 잘되며, 체중이 줄어들고 혈액을 잘 순환시키고 마음의 상쾌한 기분이 자연히 생기는 음식이다."라고 예찬하고 있다.

식혜는 더울 때 시원하게 목을 축여줄 뿐만 아니라, 갑자기 찬 것을 마셔서 탈이 나지 않게 밥알들을 씹어가며 마시게 하는 깊은 사려가 배인 음식이다.

2. 막걸리

1) 식문화사적 배경

술은 원료 중의 당분이 발효하여 알코올이 생성된 식품이다. 인간이 술을 만들게 된 것에 대한 이야기는 많지만 그중에서 가장 알려진 것은 산속에 저절로 떨어져 발효된 과실을 먹은 원숭이들이 흥이 나서 날뛰는 모습을 보고 만들게 되었다는 설이며, 포도주가 여기서 나왔다고 한다.

유목민들은 동물의 젖을 발효시켜 유주(乳酒)를 빚었고 농경민족은 곡물을 이용해 술을 빚었다(穀酒). 그런데 곡물주는 과실주(果實酒), 벌꿀주, 유주와 달리 제조과정에서 곡물의 전분을 우선 당화(糖化)시키는 단계가 필요하다. 전분을 당화시키는 방법으로 초기에는 침 속의 프티알린(ptyalin)을 이용하였는데, 이는 밥을 입속에서 씹어 항아리에 뱉어 모은 밥의 전분을 당분으로 분해시키는 방법이다.

미인주(美人酒 혹은 一日酒)는 가장 원시적인 당화법에 의한 곡물 술로서 쌀을 물에 담갔다가 여자로 하여금 입에 넣고 씹게 하여 나무통에 뱉어 내어 양조하는 술로, 누룩이나 엿기름을 쓰지 않는 술이다. 미인주의 원료는 나라에 따라 다른데, 태평양의 여러 섬에서는 카사바(cassava) 등의 근경류(根莖類)를 사용했고 중남미에서는 옥수수, 동남아시아에서는 주로 쌀을 이용하였다.

그 후 보리가 발아하는 과정에서 전분분해 효소인 아밀라아제가 많이 생성되는 것을 알고 맥아(麥芽)로 전분을 당화시키는 방법을 이용하게 되었다. 이와 같이 침 속의 프티알린이나 맥아 아밀라아제를 이용하여 얻어진 당분에 천연효모의 포자가 떨어져서 알코올 발효를 하게 된다.

술을 담그는데 많이 이용하는 것은 누룩인데, 누룩은 곡물에다 곰팡이와 효모를 번식시킨 것이다. 따라서 곡물에 누룩을 섞으면 곡물은 보다 효과적으로 당화와 알코올 발효를 하게 된다.

우리나라는 상고시대부터 양조법이 발달되었고 양질의 자연 감수가 곳곳에 많아서 좋은 술을 빚을 수 있었다. 특히 고려후기 원나라로부터 소주법이 전래된 후 증류주가 유행하였고, 술에 각종 꽃향, 약재를 섞어 술의 종류를 다양하게 하였다. 술은 상고시대부터 오늘날까지 각종 제례, 혼례, 상례, 빈례, 향응례 등 어

느 때나 기본 필수식품이며 때로는 열량의 급원이 되고 있다.

　우리나라의 대표 술 막걸리는 이름이 많다. 우선 맑지 못하고 탁하다고 해서 탁주, 탁배기, 빛깔이 희다고 해서 길흉사간 잔치 집에 부조를 할 적에 백주라고 적고, 나라의 대표적인 술이란 뜻에서 국주, 집마다 담그는 술이라고 해서 가주라고 한다. 특히 농가에서는 없어서는 안 되는 술이어서 농주라고도 한다. 막걸리는 우리나라의 술 가운데 역사가 가장 오래된 술이다.

　부산 금정산에는 술맛으로 알려진 『산성막걸리』가 있다. 이 산성막걸리는 300여 년 전 마을 사람들이 밀누룩을 만들어 생계를 유지하다가 그곳의 좋은 물과 누룩을 이용하여 막걸리를 빚기 시작한데서 유래되었다.

　해발 800m 고지(高地)에서 솟아 나오는 산성마을의 물은 구한말에 30리 떨어진 곳에서 동래부사가 군졸을 시켜 날라다 마실 정도로 정결하고 맛이 있다고 전해진다. 산성막걸리는 정부의 보존방침에 의해서 양성화되어 오늘날까지 그 이름을 유지하고 있다. 산성막걸리에 취하면 얼음을 깨듯 설미(雪味)가 돌고 마을의 내력을 알고 마시면 선미(仙味)가 돈다고 한다.

2) 막걸리 제조

　막걸리의 제법은 지방에 따라 다소 차이가 있으나 전통적인 우리나라 막걸리는 누룩과 쌀 또는 찹쌀과 찬 샘물로 만드는 것이 상례로 되어 있다.

　제법은 여러 가지이지만 대표적으로 멥쌀, 누룩, 물로 술밑을 빚는다. 이밖에 멥쌀대신 찹쌀을 쓰는 경우, 약주지게미로 만드는 것 등이 있으며, 주모(酒母)를 미리 만들어두고 이것으로 술밑을 빚는 경우도 있기는 하지만 대부분의 경우 주모를 쓰지 않는다.

(1) 누룩 제조

　서양에서는 전통적으로 포도주를 많이 담갔으므로 발효스타터(fermentation starter)를 필요로 하지 않았다. 그러나 곡물을 이용해 술을 담그는 아시아 지역에서는 먼저 전분을 당화하는 과정이 필수이고, 이 전분의 당화를 위해서 누룩, 코오지(koji) 같은 발효스타터를 개발하여 이용하였다[표 1-13].

[표 1-13] 각국의 발효스타터

국 가	발효스타터	재 료	미생물
한국	누룩	밀, 쌀, 보리	*Aspergillus Rhizopus, Yeast*
	메주	콩	*Aspergillus Bacillus*
일본	코오지(koji, 곡자)	쌀, 밀, 보리, 콩	*Aspergillus*
중국	국(麴)	밀, 보리	*Rhizopus Amylomyces*

　우리 전통 술을 담그는데 있어서 가장 먼저 해야 할 일이 누룩을 잘 빚는 일이
다. 누룩이란 밀을 메주 같이 덩어리지게 만들어 미생물이 잘 번식하도록 한 것
으로 맥아와 달리 곰팡이와 효모가 함께 번식하고 있어서 술 빚기에 편리하다.
일본에서는 밀누룩 대신에 쌀누룩(입국)을 쓰는데 국내에서 판매되고 있는 청주
는 쌀누룩을 쓰는 일본식 청주이다.

[그림 1-21] 누룩

　야생의 혼합 균주로 된 누룩으로 빚은 술은 복잡한 향미와 깊은 맛을 내는 반
면에 순수 배양한 코오지로 빚은 술은 단순한 향과 가벼운 맛으로 주로 젊은층
이 좋아하는 것으로 평가되고 있다.
　누룩은 먼저 밀을 조쇄(粗碎)한 다음 약 30%의 물을 첨가하여 반죽한 후 짚으

로 짠 멍석 위에서 둥글고 편편한 형으로 만든다. 이때 볏짚에 붙어있는 곰팡이 등이 자연적으로 누룩에 옮겨 붙어 번식하게 된다. 만들어진 누룩은 짚으로 만든 덕석으로 덮어 어두운 곳에서 보온(30~40℃)하는데 이렇게 하면 미생물의 번식이 더욱 촉진된다.

이렇게 만들어진 누룩에는 곰팡이로 라이조푸스(*Rhizopus*)속, 뮤코(*Mucor*)속, 아스퍼질러스(*Aspergillus*)속, 페니실리움(*Penicillium*)속 등, 효모로는 사카로마이세스(*Saccharomyces*)속, 마이코더마(*Mycorderma*)속 등, 세균류로는 마이크로코커스(*Micrococcus*)속, 바실러스(*Bacillus*)속 등이 번식한다[표 1-14]. 대체로 누룩 표면에 생성된 곰팡이에 의해서 술의 원료인 곡류의 당화가 이루어지며, 생성된 포도당에 효모가 작용하여 알코올이 생성되어 술이 된다.

[표 1-14] 누룩 중의 미생물

(단위: 10^5/g)

미생물 \ 누룩종류	1	2
Aspergillus group	240	836
Black Aspergilli	163	268
Rhizopus	20	623
Penicillium	134	264
호기성 세균	90~200	50~90
젖산균	0.3	0.3
효모	0.6	1.4

옛날에는 더운 복날에 보리와 밀, 또는 밀과 녹두를 섞어서 반죽하여 만들었다고 한다. 누룩은 엷은 황색을 띠고 표면은 물론 내부까지 균사가 고르게 발육하고 향긋한 냄새가 나는 것이 좋으며 다른 빛깔을 띠는 것은 좋지 않다.

(2) 막걸리 제조

찹쌀 또는 멥쌀을 물로 씻어 하룻밤 물에 담근 후 고들고들하게 찐(고두밥, 지에밥) 다음 멍석에 펴서 빨리 식힌다. 식은 고두밥은 낱알이 되도록 손으로 비벼 고두밥과 누룩가루, 물을 분량대로 한데 섞어 독에 안친다. 독에 담근 다음 겨울철에는 따뜻한 방에서 보온하여 발효시켜야 질이 좋은 술덧을 만들 수 있다. 전통

곡주의 최적 발효온도는 25℃ 정도이다.

담근 후에도 온도에 주의하여 너무 올라가거나 내려가지 않게 해야 한다. 술독 주변의 온도유지가 술을 잘 빚는 관건이다. 옛날에는 술독을 이불로 싸서 외부의 찬 기운과 더운 기운을 막아 적정발효 온도를 유지하였다. 담근 후 3~5일이 지나면 술이 괴어오르며 온도가 올라가서 30~32℃ 가까이 이르렀다가 그 후에는 점차 감소하여 10일 정도 지나면 숙성된다.

술을 빚는 술독은 잡균의 오염을 방지하기 위해서 반드시 같은 것을 사용한다. 김칫독, 젓갈독 등 다른 용도의 독은 쓰지 않는다. 술을 담글 때 술독은 너무 덥지도 차지도 않은 곳에 두고 술이 끓기 시작하면 너무 더워지지

[표 1-15] 막걸리 담금 비율의 예

쌀	1kg
누룩	200g
물	1.6ℓ

않게 바람을 쏘여주거나 찬물에 술독을 담가 냉각시킨다. 술독의 온도가 32℃ 이상 올라가면 술이 산패된다. 이 때 내부에 생성된 이산화탄소를 손으로 휘저어서 배출시키면 보다 효과적으로 냉각이 된다.

술 찌꺼기가 가라앉으면 술이 다 된 것인데(단양법), 이때 한 번 더 술밥(고두밥)과 누룩, 물을 넣어서 술 담기를 반복하기도 한다. 이렇게 다 만들어진 술에 다시 재료를 넣어 빚어내는 것을 중양법이라고 하는데, 이 술은 맛이 진한 고급술이다. 술밥을 넣는 횟수에 따라 이양주, 삼양주 등으로 구분하며 궁중에서는 12양주까지 담갔다고 한다.

> **막걸리 제조**
> 쌀 → 침지 → 찌기 → 냉각 → 누룩과 혼합 → 담금 → 발효 → 체에 여과 → 막걸리

술이 다 익으면 용수를 박거나 체로 걸러서 채주를 한다. 걸쭉한 술덧에 용수를 박으면 용수 안에 맑은 술이 모여지는데, 이 술을 청주 혹은 약주라고 한다. 술덧을 그대로 체에 부어 거르면 뿌옇고 텁텁한 맛이 나는 탁한 술이 된다. 또 체에 남은 술 찌꺼기에 물을 부어 손으로 주물러 걸러내기도 한다. 이렇게 체에 거른 술을 탁주 혹은 막걸리라고 한다. 술덧을 거르지 않고 밥풀이 그대로 떠 있는 채 뜬 것을 부의주(浮蟻酒, 동동주)라고 한다.

[그림 1-22] 용수를 이용한 술 거르기

소주는 술덧을 증류한 것으로 솥에 넣어 끓이면 낮은 온도에서 먼저 기화하는 알코올 증기와 향 성분들이 소줏고리 윗부분의 찬물 담아 놓은 부분에 부딪혀 맺히는 물방울을 받아낸 것이다. 이것을 반복하면 알코올 도수가 높은 소주를 만들 수 있다.

막걸리나 포도주는 도수가 낮아 차갑게 두지 않으면 금세 신맛으로 변질된다. 그러나 소주 등의 증류주는 도수가 높아 오래두고 먹을 수 있는 저장성이 있다. 이 증류법은 13세기 한 연금술사에 의해 발명되어 징기스칸에 의해 전세계에 전파되었다고 한다.

청주의 알코올 도수는 16% 내외이고 막걸리는 6~8%이며 소주는 14~25%이다. 잘 된 막걸리는 탁한 젖색을 띠며, 단맛, 신맛, 쓴맛, 떫은맛, 감칠맛이 잘 어울리고 또 시원한 맛이 있어서 힘든 일로 지친 사람들의 갈증을 풀어 준다.

고려시대부터 알려진 대표적인 막걸리로 이화주(梨花酒)가 있는데 막걸리용 누룩을 배꽃이 필 무렵에 만든다하여 그렇게 불렸으나, 후세에 와서는 아무 때나 누룩을 만들게 되었고 이화주란 이름도 사라지게 되었다. 또 청주의 저장성을 높이기 위하여 청주에 소주를 탄 과하주(過夏酒)를 만들어 여름에 마셨다.

3) 막걸리의 식품학적 의의

막걸리는 미생물에 의해서 자연 발효된 자연식품으로 여러 가지 유효한 성분들이 함유되어 있어서 건강에 도움을 주므로 여타의 다른 술과는 차별화된다. 또 알코올 도수가 낮아서 부담을 주지 않는다.

막걸리 중에는 각종 필수아미노산인 라이신, 류신, 글루탐산, 아르기닌, 프롤린 등과 비타민 B군이 들어 있다. 또 젖산(lactic acid), 수산(oxalic acid), 말로닉산(malonic acid), 퓨마릭산(fumaric acid), 호박산(succinic acid), 구연산(citric acid) 등의 유기산이 약 0.8% 들어 있다. 유기산은 상쾌한 신맛을 낼 뿐만 아니라 신진대사가 원활하게 일어나도록 하며 체내의 피로 물질을 제거해 준다.

막걸리에는 단백질이 약 1.6% 들어 있는데, 이 점이 다른 술과 크게 다른 점이다(청주 0.6%, 맥주 0.3%, 소주는 전혀 없음). 이 밖에 여러 가지 효소와 무기질 등도 함유되어 있어서 일종의 영양술이라고 할 수 있다.

또 산성으로 살균효과까지 있어 지방에 따라서는 괴질(怪疾)이 번질 때 막걸리를 마시는 풍습이 전해지고 있다. 또한 전통 막걸리에는 유익한 효모가 살아 있어서 증편을 만들 때 막걸리로 반죽하면 발효가 잘되어 잘 부푼다. 뿐만 아니라 어려운 시절에는 만복감과 취흥을 동시에 얻을 수 있어서 우리 민족의 애환과 떼어놓을 수 없는 술이었다.

제2장

두류를
이용한
전통식품

제1절 두류 이용 식품

1) 콩의 원산지 및 생산량

우리나라에서 생산되는 두류 중 콩(大豆), 팥(小豆), 녹두(綠豆)를 3대 두류라 하며 이외에 동부(광저기), 완두, 잠두, 강낭콩, 까치콩(편두), 여두(쥐눈이콩) 등이 있다. 콩의 원산지는 만주와 한반도로 추정하고 있다. 만주는 우리의 옛 맥족(貊族)의 발상지이고 고구려의 옛 땅이기도 하다. 또 한반도 전체에서 콩의 야생종과 중간종이 많이 발견되고 있다. 따라서 우리 조상들은 일찍부터 야생 들콩을 작물화하였으며 콩 이용식품도 다양하게 발전시켰다.

콩의 재배는 삼국시대 초기인 기원전 1세기경부터라고 알려져 있다. 20세기 초까지만 해도 우리나라는 만주에 이어 세계 제2의 콩 생산국이었다. 그러나 당시 우리나라에서 콩을 가져가 재배하기 시작하였던 미국이 현재 세계 제1의 콩 생산국인 동시에 수출국이 되었으며 반대로 우리는 전형적인 콩 대량 수입국으로 변했다.

현재 세계의 콩 생산량은 약 3억3천8백만 톤에 이르고 있으며 그중 미국(35%), 브라질(30%), 아르헨티나(17%)가 80% 이상을 생산하고 있으며 수출 역시 이들 3국이 89%를 점하고 있다(자료: World Agricultural Production, USDA 2016). 국내생산량은 10만4천톤 내외로 수요에 비해서 자급율이 9.4% 내외에 지나지 않는다(농림축산식품통계 연보 2016).

우리콩과 수입콩을 비교해 보면 우리콩은 수입콩에 비해서 단백질 함량이 많고(약 3~4% 많다) 맛이 좋다. 된장, 청국장 등 콩을 발효할 때도 발효비율이 월등하며 콩나물콩의 발아율도 우리콩은 94%, 수입콩은 73%로 우리콩이 월등히 높다.

[표 2-1] 국내산과 수입 대두(노란콩)의 성분

(가식부 100g 기준)

생산지	에너지(kcal)	수분(g)	단백질(g)	지질(g)	회분(g)	탄수화물(g)
국내산	420	9.7	36.2	17.8	5.6	30.7
미국산	432	9.5	33.9	16.0	1.0	39.6
중국산	433	10.3	32.7	16.9	0.9	39.2

*식품성분표 제8개정판, 농촌진흥청

2) 콩의 특징 및 일반성분

콩은 다른 두과(豆科) 작물들과 마찬가지로 뿌리혹박테리아(*Rhizobium japonicum*)를 갖고 있어 공기 중의 유리질소를 고정시켜 단백질을 생합성하므로 일부러 질소비료를 줄 필요도 없고 비교적 척박한 땅에서도 잘 자라는 장점이 있다.

콩은 품종에 따라 색, 크기, 모양이 다르며 물리화학적 특성도 다르다. 이와 같은 성분 특성은 재배지의 기후 차이에 의한 유전적 변형에서 기인하는 것으로 알려져 있다. 콩의 성분 함량은 단백질 36%, 탄수화물 30.7%, 지질 18%로 구성되어 있다[표 1-4]. 이와 같이 콩은 다른 곡물과 달리 단백질과 지질이 매우 풍부하여 이른바 밭에서 나는 고기라고 할 정도로 우수한 단백질 공급원이다.

콩 단백질의 대부분은 글로불린으로서 전체 단백질 함량의 약 84%를 차지하며 대부분 글리시닌이나. 이외 알부민 4%, 프로테오스 4%, 기타 비단백질 질소화합물 6%로 구성되어 있다. 글로불린에는 16종의 아미노산이 함유되어 있고 인체에서 합성할 수 없는 필수아미노산이 골고루 함유되어 있다[표 2-2].

[표 2-2] 콩 단백질의 필수아미노산 조성

(mg/가식부 100g)

트레오닌	발린	류신	이소루신	라이신	메티오닌	페닐알라닌
1,211	1,416	2,435	1,418	1,975	424	1,443

특히 곡류에 부족한 라이신, 류신 등이 많이 포함되어 곡류 위주의 식사를 하는 우리나라 사람에게 중요한 단백질 공급원이다.

3) 콩 가공제품

우리 조상들은 콩을 가공하여 콩나물, 두부, 된장, 간장 등을 만들었다. 근래에는 두유, 유부, 제면, 콩우유 등의 콩가공제품이 생산되고 있다. 또한 우수한 대두의 단백질만을 분리하여 인조육, 햄버거, 미트볼, 어육제품, 치즈, 요구르트 등, 다양한 대두 단백식품(soy protein food)이 개발, 시판되고 있다[표 2-3].

[표 2-3] 대두단백육과 쇠고기의 영양 성분

성분	대두단백육(인조육)	쇠고기
열량(kcal/100g)	334	146
수분(%)	8~10	71.6
단백질(%)	51	21.0
지질(%)	0.7~1.5	6.0
탄수화물(%)	33.5	0.3
필수아미노산(g/16gN)		
이소루신(isoleucine)	5.24	4.82
류신(leucine)	7.54	8.11
라이신(lysine)	5.88	8.90
메티오닌(methionine)	1.09	2.70
시스틴(cystine)	1.47	1.28
트레오닌(threonine)	3.78	4.59
트립토판(tryptophan)	1.36	1.40
발린(valine)	5.74	4.20

콩은 조직이 단단하여 그냥 먹으면 소화 및 흡수가 잘 안 되는데, 이를 가공하여 섭취하면 소화율이 높아진다[표 2-4].

[표 2-4] 콩 및 콩 가공식품의 소화율

콩식품	소화율(%)
볶은콩	50~70
간장	98
된장	85
두부	95
콩나물	55

1. 두부

1) 식문화사적 배경

두부는 기원전 2세기 경 중국 전한(前漢)의 회남왕 유안(准南王 劉安) 시절부터 일반 서민에게 보급되기 시작했다고 전해진다. 그러나 두부의 첫 문헌으로 알려진 『청이록(淸異錄)』이 송대(宋代) 초기의 것인 것으로 보아 그 기원이 한 대(漢代)까지는 가지 않을 것이라는 주장도 있다.

두부가 우리나라에 전래되어온 시기는 분명하지 않으나 우리 문헌에 처음 보이는 시기는 고려 말로, 당시 성리학자 이색(1328~1396)의 『목은집』에 대사구두부래사(大舍求豆腐來飼)라는 두부에 관한 시가 있다. "나물국 오래 먹어 맛을 못 느껴 두부가 새로운 맛을 돋우어 주네. 이 없는 사람 먹기 좋고 늙은 몸 양생에 더 없이 알맞다." 이것은 두부가 새로운 맛을 주며 나이든 사람이 먹기에 좋은 음식이라는 것이다.

두부(豆腐)라는 단어를 살펴보면 부(腐)는 썩었다는 뜻이 아니고 뇌수(腦髓)와 같이 연하고 물렁물렁하다는 뜻으로, 유목민족들이 우유(牛乳)나 양유(羊乳)로부터 만들어 먹는 유부(乳腐)에서 비롯된 것으로 풀이된다.

유부는 우유나 양유의 단백질을 산이나 효소로 응고시킨 것으로 요구르트나 치즈의 모체로 볼 수 있다. 다만 이때 원료로 사용하는 가축의 젖(乳) 대신에 콩을 갈아서 이용한 것이 두부가 된 것으로 보인다.

두부는 오늘날 중요한 사찰 음식의 하나이지만 옛날부터 절간음식으로 발달되어 왔다. 산릉(山陵)을 모시면 반드시 그 곁에는 두부 만드는 절인 조포사(造泡寺)를 두어 제수를 준비하게 하였고, 소문난 두부는 연도사(衍度寺) 두부, 봉선사(奉先寺) 두부처럼 절 이름이 붙어 내려 왔다.

2) 두부의 성분 및 제조법

(1) 두부의 성분

두부는 원료 콩의 종류와 제조 방법 등에 따라서 차이가 있기는 하지만, 대체로 수분이 85%, 단백질이 7.6%, 지질이 5.9%, 그리고 약간의 탄수화물과 회분으로 되어 있다. 그리고 100g당 칼슘의 함량은 44mg이고 열량은 88kcal 정도이다. 두부는 고형분 중 단백질 함량이 42~52%인 고단백 식품이며, 지질도 상당량 함유되어 있다.

수용성 당류가 대두로부터 두부로 이행되는 것은 소량으로, 포도당은 약 1/3이 이행되고 설탕(sucrose)은 약 1/10, 라피노오스(raffinose)는 약 1/5이 이행한다. 대부분은 순물로 손실되기 때문에 순물의 활용을 연구해야 한다. 콩의 섬유질은 비지로 제거되므로 두부의 질감은 매끈매끈하다.

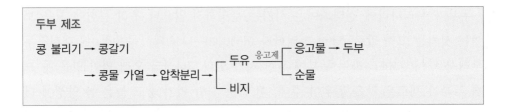

두부 제조

콩 불리기 → 콩갈기

　　　　　→ 콩물 가열 → 압착분리 → ┌ 두유 ─응고제→ ┌ 응고물 → 두부
　　　　　　　　　　　　　　　　　　　　　　　　　　　└ 순물
　　　　　　　　　　　　　　　　　　　└ 비지

(2) 두부의 제조법

두부는 콩 단백질을 추출하여 겔(gel)화한 식품으로 제조 원리는 비교적 단순하다. 물에 불린 콩을 갈아 가열, 여과한 여액에 응고제를 가하여 응고시킨 후 압착, 성형하는 것이다. 대두단백질이 응고제 중의 칼슘이나 마그네슘염 등에 의해 응고하는 원리를 이용한 것이다.

① 콩 불리기

콩의 침수시간은 물의 온도에 따라서 다르며 통상 여름은 6~8시간, 겨울은 12~20시간 정도가 적당하다. 보통 마른 콩이 불면 부피가 2~2.2배가 된다.

② 콩 갈기

콩 속의 단백질이 물에 잘 추출되려면 곱게 갈되 열을 적게 받도록 해야 한다. 열을 받으면 미생물이 작용하거나 단백질이 변성하여 두부 수율이 떨어지므로 열을 받지 않는 상태에서 곱게 가는 것이 좋다. 맷돌은 열을 받지 않으며 곱게 갈 수 있고 충격을 주지 않으므로 거품을 적게 낸다. 콩의 사포닌은 거품을 일으켜 두부 만들 때 방해가 된다.

③ 콩물 및 가열

갈은 콩에 물을 넣고 가열하면 콩 세포 내의 단백질이 물에 추출된다. 이때 물은 마른 콩 부피의 7~8배가 이상적이며 가열은 100℃에서 3~4분 정도가 가장 이상적이다.

④ 두유 분리 및 응고

가열한 후 천에 짜서 두유와 비지를 분리한 다음 두유에 응고제를 넣어 응고시킨다[그림 2-1, 그림 2-2]. 응고제[표 2-5]는 옛날부터 전통적으로 천일염에서 흘러나오는 간수를 써왔으나, 바다 오염에 따른 안전관리상의 문제로 지금은 거의 사용하지 않는다. 대신 황산칼슘($CaSO_4$)이나 염화칼슘($CaCl_2$)과 같은 법정식품첨가물이 쓰이고 있다.

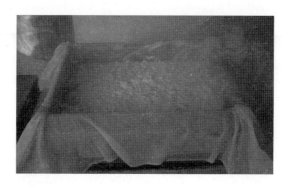

[그림 2-1] 뜨거운 두유에 응고제 첨가(순두부)

[그림 2-2] 응고된 두부

[표 2-5] 두부 응고제의 특성

응고제	염화칼슘	황산칼슘	glocono-δ-lacton(GDL)	간수	간수형 응고제
분자식	$CaCl_2, 2H_2O$	$CaSO_4, 2H_2O$	$C_6H_{10}O_6$	$MgCl_2$	$MgCl_2, 6H_2O$
첨가온도(℃)	75~80℃	80~85℃	85~90℃	75~80℃	
용해성	수용	불용	수용	수용	
장점	• 응고시간이 빠름 • 보존성 양호 • 압착 시 물이 잘 빠져 능률적임	• 두부의 색택이 우수함 • 두부의 보수성이 좋아 조직이 연하고 부드러움 • 수율이 높음	• 사용이 간단함 • 응고력이 우수함 • 수율이 높음	• 보수력 있음 • 풍미가 좋고 고소한 맛이 있음	• 응고시간이 빠름
단점	• 수율이 낮음 • 보수성이 적어 두부가 거칠고 딱딱함	• 사용이 불편함(불용성) • 더운물에 희석(20배) 사용해야 하며 겨울철에 사용이 어려움	• 물에 녹으면 글루콘산이 되어 신맛을 내므로 사용 직전에 바로 녹여서 사용해야 함	• 성형 시 물이 잘 안 빠짐	• 보수력이 낮고 두부가 단단함
비고	• 수분이 적어야 하는 유부 제조에 사용		• 순두부, 연두부 제조에 사용함 • 인체에 무해하므로 비닐 순두부 등 특수 용도에 사용 • 주 원료는 포도당이 있음	• 비소 문제로 사용금지	• 거의 사용하지 않음

황산칼슘은 가격도 싸고 응고되는 침전이 뭉게구름처럼 부드럽고 보수성이 커서 두부의 수율이 높으므로 가장 많이 쓰이고 있다. 염화칼슘은 보수성이 적어 두부가 단단하게 되어 수율이 떨어지나 유부제조를 위한 두부에 좋다. GDL은 포도당을 발효시켜 만든 유기응고제로서 주로 순두부나 연두부의 제조에 사용되

며 일반두부에는 기존의 응고제와 일부 혼용하는 정도이다.

사용하는 응고제에 따라 두부 중의 칼슘 함량에 차이가 있다. 칼슘염을 사용한 경우는 150mg%이고 GDL을 사용한 경우는 35~87mg% 정도로 칼슘염을 사용한 경우가 칼슘 함량이 더 많다.

그러나 전래되어 오는 고유의 맛을 간직하기 위하여 아직도 재래 방식으로 두부를 만드는 고장이 있는데, 그 예로 강원도 강릉의 초당동에서는 깨끗한 바닷물을 끓여 만든 응고제를 써서 초당 두부를 만들고 있다.

두부 제조 시 한천(agar), 젤라틴(gelatin), 카제인(casein) 등을 첨가하면 보통 두부보다 부드러운 질감의 두부를 얻을 수 있다. 또한 탈지대두분의 첨가량이 증가할수록 두부가 단단하지만, 두부수율, 탄성, 색, 매끄러움, 균일성 등은 감소한다. 또 원료 콩에 따라서도 다소 차이가 있는데, 국산 대두로 만든 두부가 미국산 대두보다 생산량이 4~10% 많고 색깔도 백도면에서 더 우수하며 조금 더 단단하다.

(3) 두부 및 두부 가공제품의 종류

두부는 새끼로 묶어 들고 다닐 만큼 단단한 막두부, 처녀의 고운 손이 아니고는 문드러진다는 연두부, 막 엉기는 것을 건져낸 순두부, 삼베로 굳히는 베두부, 명주로 굳히는 비단두부 등 종류가 다채롭다.

오늘날 가장 보편화된 두부는 시장에서 모판두부라고도 불리는 경두부(수분 함량 85%)인데, 이외에도 두유의 농도나 두부의 수분 함량을 달리하는 연두부(수분 함량 88%)와 순두부(수분 함량 90%), 두부를 얇게 자른 후 식용유에 튀겨서 만든 튀긴두부(유부) 등이 있다. 또 두부를 여과포에 넣고 수분이 약 78% 되도록 만든 경두부는 만두 만들 때 만두소로 이용되어 만두두부라고도 한다.

지방에 따라서는 특산두부로서 연두부 형태의 야채두부, 달걀두부, 다시마와 같은 해산물을 넣은 두부 등이 있다. 한편, 중국이나 일본에서는 얼린두부(동두부)가 만들어지고 있는데, 이는 두부를 동결 건조한 것으로 국이나 찌개에 넣으면 스펀지와 같은 다공질 구조로 인하여 독특한 조직감을 느끼게 한다. 동두부는 보존성이 높을 뿐만 아니라 단백질 등 영양소의 함량이 일반두부에 비해 크게 증가하는 특징이 있다.

[표 2-6] 두부 가공제품의 일반 성분

(가식부 100g 기준)

종류 \ 성분	에너지(kcal)	수분(g)	단백질(g)	지질(g)	회분(g)	탄수화물(g)
두부	88	85.0	7.6	5.9	0.7	0.8
순두부	55	89.8	5.8	3.1	0.6	0.7
연두부	62	87.7	4.2	2.8	0.6	4.7
동두부	529	8.1	49.4	33.2	3.6	5.7
유부	381	42.9	20.4	31.0	1.8	3.9
비지	74	82.8	3.5	1.5	0.5	11.7

*식품성분표 제8개정판, 농촌진흥청

3) 두부의 식품학적 의의

두부는 체내의 신진대사와 성장 발육에 없어서는 안 될 필수아미노산과 필수지방산, 그리고 치아나 골격 형성의 기본물질인 칼슘이 풍부하게 들어있을 뿐만 아니라, 소화율이 95%나 되는 아주 우수한 식품이다. 또한 두부에 들어 있는 콩지방과 콩단백질은 혈중 콜레스테롤 함량을 낮추는 작용을 한다는 사실이 밝혀졌다.

두부에도 대두와 같이 각종 생리활성물질(이소플라본, 피틱산, 사포닌, 트립신저해제 등)이 함유되어 있으나 두부의 가공 특성상 함량이 대두보다 낮다.

일반적으로 식물성 단백질은 동물성 단백질에 비하여 질이 떨어지는데, 콩은 예외에 속할 만큼 양질이다. 따라서 콩에 함유된 대부분의 단백질과 지질이 농축되고 각종 생리활성 물질이 잔존할 뿐만 아니라 제조 과정에서 칼슘이 첨가된 두부는 남녀노소는 물론 환자식으로도 권장할 만한 훌륭한 식품이다.

2. 콩나물

1) 식문화사적 배경

콩나물을 재배하기 시작한 시기는 정확히 알 수 없지만 삼국시대 말이나 고려시대 초기인 것으로 추정된다. 문헌상으로는 고려 고종(1214~1260) 때의 『향약구급방(鄕藥救急方)』에 대두황(大豆黃)이란 이름으로 콩나물이 처음 나온다. 중국 원대(元代)의 『거가필용(居家必用)』에는 녹두나물이 두아채(豆芽菜)란 이름으로 등장한다.

『향약구급방』이 『거가필용』보다 시대적으로 빠르고 콩의 원산지가 만주와 한반도 일대이므로, 우리 조상들이 콩나물을 개발하였고 이것이 중국에 전해져서 녹두나물도 생겨난 것이 아닌가 추측하기도 한다.

콩나물은 콩을 발아시킨 콩 채소로, 기호성이 높아 연중 이용되고 있으며, 특히 과거에는 일반 야채가 귀한 겨울철에 널리 애용되었으며 비타민을 공급할 수 있는 좋은 영양식품이었다.

2) 콩나물의 성분

(1) 성장에 따른 성분 변화

콩 및 콩나물의 일반 성분은 [표 2-7]과 같다. 콩나물은 콩이 발아되어 생장하는 과정에서 체내대사가 이루어져 영양성분이 많이 달라진다. 즉 탄수화물, 단백질, 지질 및 무기질 등의 함량은 감소하고 섬유소와 비타민 C 함량은 증가한다.

[표 2-7] 콩과 콩나물의 일반 성분

(100g 중)

성분 식품	에너지 (kcal)	수분 (g)	단백질 (g)	지질 (g)	회분 (g)	탄수화물 (g)	식이섬유 (g)	무기질(mg)				비타민(mg)			
								칼슘	인	철	칼륨	B$_1$	B$_2$	나이아신	C
콩(대두)	420	9.7	36.2	17.8	5.6	30.7	–	245	620	6.5	1340	0.53	0.28	2.2	0
콩나물	5.3	88.2	4.6	1.8	0.7	4.7	4.3	48	99	0.6	298	0.59	0.09	0.8	5

*식품성분표 제8개정판, 농촌진흥청

[표 2-8] 콩나물의 아미노산 함량

(mg/ 가식부 100g)

아미노산	함량	아미노산	함량
라이신(Lysine)	240	알라닌(Alanine)	200
히스티딘(Histidine)	126	시스틴(Cystine)	미량
아르기닌(Arginine)	303	발린(Valine)	212
아스파르트산(Aspartic acid)	1,102	메티오닌(Methionine)	39
트레오닌(Threonine)	177	이소루신(Isoleucine)	192
세린(Serine)	230	류신(Leucine)	306
글루탐산(Glutamic acid)	507	티로신(Tyrosine)	131
프롤린(Proline)	183	페닐알라닌(Phenylalanine)	209
글리신(Glycine)	140		

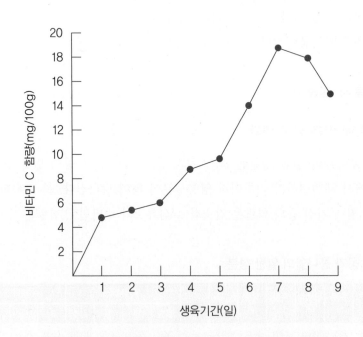

[그림 2-3] 콩나물 생육기간별 비타민 C 함량의 변화

콩나물 생장 중 총 아미노산의 함량은 2일째까지는 거의 변화가 없으나 그 이후부터는 감소한다. 총 아미노산에 대한 필수아미노산의 비율은 콩나물 제조 4일 후에 급격히 감소하며, 발아 중 알코올 분해를 도와주는 아스파르트산(aspartic acid), 아스파라긴산은 증가하는 반면 글루탐산은 현저히 감소한다. 아스파르트산은 전체 아미노산의 60~70%나 되며 특히 뿌리에 87% 이상 함유되어 있다.

유리 아미노산은 콩나물 생장 중 점차 증가되어 대두에서 0.11%이던 것이 8일된 콩나물에서는 8.8%로 증가한다. 특히 생장 중 콩에는 없는 비타민 C 함량이 증가하는데, [그림 2-3]에서 보는 바와 같이 생장 7일까지는 비교적 급격한 증가를 보이고 8일부터는 감소되는 경향을 나타낸다. 비타민 C가 최고량에 달하는 시간은 일반적인 재배 시 20℃에서 7일째이며, 25℃에서는 4~5일째이다.

일반적으로 식용에 적당한 시기는 발아 후 5~7일째이며 그 후에는 비타민 함량이 감소될 뿐 아니라, 잔뿌리의 생성으로 영양적인 면에서나 시각, 미각적으로도 좋지 않다.

(2) 조리에 따른 성분 변화

가열 조리 중에 비타민 C는 열에 의해서 크게 영향을 받으며 가열시간이 길수록 그 파괴량도 크다[표 2-9]. 그러나 소금을 첨가함으로써 파괴를 어느 정도 방지할 수 있는데, 3% 소금물일 때 가장 효과가 크다. 소금이 비타민 C의 안정제 작용을 한 것이다[표 2-10]. 비타민 B_2도 가열에 의해 점차 파괴되는데 조리 중 소금을 첨가하면 잔존량이 한층 높아진다[그림 2-4].

[표 2-9] 가열에 의한 비타민 C의 변화

가열시간 (분)	콩나물의 비타민 C(mg%)		총 비타민 C (mg%)	잔유율 (%)
	고형물	액체		
0	18.2	0	18.2	100
5	6.55	1.5	8.05	44
7	4.55	1.65	6.20	34
10	3.9	1.60	5.50	30
15	3.4	1.45	4.85	26
20	2.15	1.40	3.55	19

[표 2-10] 콩나물 중 비타민 C 파괴에 있어서 소금의 효과

식염 농도(%)	비타민 C 함량(mg%)	잔유율(%)
콩나물	18.2	100
0	4.75	26
1	5.15	28
2	5.70	31
3	6.95	38

* 가열시간: 7분

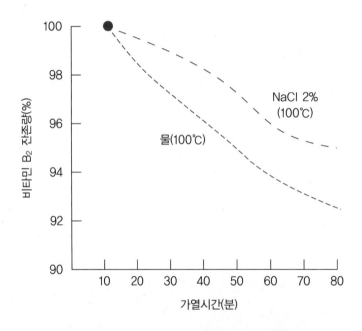

[그림 2-4] 콩나물 가열 중 비타민 B_2 잔존율

(3) 유통기간 중 성분변화

유통기간 동안 비타민 C의 함량은 암소(暗所)에서는 손실이 없으나 빛에 노출되면 5~7시간 만에 22~27%가 손실된다.

콩 중의 리폭시게나아제(lipoxygenase)는 콩 가공제품의 불포화지방산을 분해시켜 불쾌한 냄새(비린냄새)를 유발하는데 콩나물의 줄기보다 머리 부분에 더 많이 존재한다. 리폭시게나아제는 온도에 영향을 받는데 85℃에서 산소를 만나면 활성화되고 100℃에서는 활성화되지 않는다. 따라서 콩나물 조리 중 익기 전에 뚜껑을 열면 활성화되어 비린맛이 나지만 뚜껑을 덮고 고온에서 가열하면 괜찮다.

3) 콩나물의 식품학적 의의

콩나물은 한겨울에 이용할 수 있는 채소의 역할뿐만 아니라 옛날부터 감기나 숙취에 이용되어 온 친숙한 식품이다. 콩나물 콩은 알이 큰 것보다 작은 것이 알맞은데 쥐눈이콩(鼠目太), 기름콩(油太)이 좋은 것으로 알려져 있다.

콩나물은 발아되는 과정에서 콩에는 없는 비타민 C가 생성된다. 따라서 비타민 C의 하루 필요량을 콩나물에서 쉽게 얻을 수 있다. 또 섬유질도 증가되어 채소로서의 기능도 갖추게 된다.

콩나물은 한명(漢名)으로 두아(豆芽), 숙아채(菽芽菜)라고 하며, 채 자라지 않은 어린 콩나물을 말린 것을 한방에서는 대두황(大豆黃)이라고 한다. 대두황은 부종과 근육통을 다스리고 위(胃) 속의 열을 없애주는 효과가 있다.

콩나물을 키울 때 물을 제대로 주지 않으면 잔뿌리가 많이 나오는데, 자라면 질기고 맛이 없다. 콩나물은 키울 때 잘 썩는데 이를 방지하기 위하여 유기수은제 농약을 사용하여 사회적으로 물의를 일으킨 일이 있다.

제2절 콩 이용 발효식품

1. 된장과 간장

된장과 간장의 발효원리는 콩의 주성분인 단백질이, 미생물이 생산하는 단백분해효소에 의하여 각종 펩타이드(peptide) 및 아미노산으로 분해되며 분해가 더 진행되면 암모니아 등이 생성되기도 한다.

이렇게 비수용성 대두단백질이 분해되어 수용성으로 되면서 깊은 감칠맛과 기

타 생성산물에 의한 특유의 풍미가 생긴다. 뿐만 아니라 다양한 생리활성물질도 생성된다.

1) 식문화사적 배경

중국의 경서(經書)인 『주례(周禮)』에는 "장(醬)에는 해(醢)나 혜(醯)가 있는데, 해는 새고기, 짐승고기, 물고기 할 것 없이 어떤 고기라도 햇볕에 말려서 고운 가루로 하여 술에 담그고, 여기에 조(粟)로 만든 누룩과 소금을 넣어 잘 섞어 항아리에 넣고 밀폐하여 100일간 어두운 곳에서 숙성시켜 만들고, 혜는 재료가 해와 같으나 청매즙(靑梅汁)을 넣어서 신맛이 나게 한 것이다."라고 기록되어 있다. 이와 같이 『주례』 속의 장, 이른바 해, 혜는 육류를 발효시킨 것으로 중국의 장은 육장(肉醬)이다.

『삼국지(三國志)』 위지동이전(魏志東夷傳) 고구려조에 고구려 사람들을 '선장양(善藏釀)'이라고 하였는데 이것은 발효식품을 잘 만든다는 뜻이다. 고구려 사람들을 '선장양'이라고 하는 것, 발해의 명산물은 책성에서 만드는 시(豉, 메주시)란 기록과 중국 사람들이 시의 냄새를 고려취(高麗臭)라고 하는 사실, 그리고 콩의 원산지가 우리나라라는 것 등을 볼 때, 오늘날의 메주는 매우 오랜 역사를 가지는 것으로 짐작된다. 따라서 중국의 장은 해(醢)란 이름의 육장(肉醬)이고 우리나라의 장은 시(豉)란 이름의 두장(豆醬)이었다고 말할 수 있다.

우리나라는 가을에서 동지에 걸쳐 메주를 빚는다. 집집마다 지방마다 독특한 종류의 곰팡이와 세균 등이 메주덩이에서 번식하여 개성 있는 장맛을 만들어낸다. 이 메주로 이른 봄부터 초여름에 걸쳐 장을 담는다.

대체로 한 집안의 음식 맛은 장맛에 좌우된다. 이것은 우리나라뿐만 아니라 중국, 일본에서도 마찬가지여서 동양 3국을 두고 대두문화권, 장문화권 혹은 곰팡이문화권이라고 한다. 그리고 발상지는 우리나라이다.

가정에서 장을 담그려면 우선 택일을 하고 고사를 지낸다. 만일 장맛이 변하면 집안에 불길한 일이 생길 징조라 보았으니 주부들은 장독대의 관리에 정성을 다했다. 장독에 금줄을 치고 버선을 매어 달기도 하여 부정한 요소의 접근을 막거나 혹은 버선 속으로 들어가 없어지기를 바랐다. 또 고추나 숯을 장 위에 띄우기도 했다. 고추와 숯의 살균 및 흡착 효과를 노리는 동시에 주술적 효과도 기대하는 것이다. 그리고 장독 뚜껑은 해가 뜨면 열어놓고 해가 지면 덮는 일을 게을리 하지 않았다.

이와 같이 우리 주부들이 집안의 운명, 영양 및 기호를 위하여 장맛의 개발에 도전하다보니, 많은 종류의 장이 지방마다 집집마다 다채롭게 등장하였다.

곡류를 주식으로 하는 우리나라의 식생활에서 맛과 향의 조화를 이루는 전통 발효식품인 장류는 조미료뿐만 아니라 단백질 공급원으로 중요한 역할을 담당 한다.

2) 메주

장류는 삶은 콩에 미생물을 부착시킨 후 미생물이 생산하는 효소를 이용하여 콩 속의 단백질 등 영양소가 분해되어 좋은 맛이 나게 만든 발효식품이다. 먼저 삶은 콩을 찧어서 메주덩어리로 만들어 띄운다.

[그림 2-5] 메주 건조

메주를 띄우는 것은 자연의 미생물들이 메주덩어리에 부착하여 발효가 일어나 도록 유도하는 일이다. 이렇게 자연 상태에서 발효, 숙성시키므로 장맛이 고르 지 않은 어려움도 있었다.

근래에는 이런 점을 보완하여 필요한 미생물(종국)만을 접종 배양하여 발효시

킨 개량식 메주를 만들어 장맛이 일정하도록 하고 있다. 따라서 전통장류(재래식)는 자연에 있는 많은 미생물들이 관여하는 복 발효인 반면, 개량식 장류(공장생산 장류)는 선발된 단일 균주가 관여하는 단 발효라 할 수 있다. 잘 뜬 메주는 표면이 노란색(우리 조상들은 黃衣라고 했음)으로 주로 호기성 곰팡이 아스퍼질러스 오리제(*Aspergillus oryzae*, 황록색의 포자가 생기므로 황국균이라고도 함)와 그 외 털곰팡이(*Mucor*), 거미줄곰팡이(*Rhizopus*) 등이 자란다.

표면보다 수분이 많은 메주 속은 바실러스 서브틸리스(*Bacillus subtilis*)가 주로 번식한다. 이 미생물들은 아밀라아제와 프로테아제의 활성이 커서 장맛을 좋게 한다.

[표 2-11] 메주의 종류

종류	원료	특성
재래식 메주	대두(메주콩)	자연의 많은 미생물이 관여하여 발효가 진행되므로 장맛이 균일하지 않다.
개량식 메주	대두	대두만을 원료로하여 단백질과 전분분해력이 강한 한 종류의 곰팡이 황국균(*Aspergillus oryzae*)을 번식시켜 만든 것으로 장맛이 일정하다.
	대두(혹은 탈지 대두), 밀	대두와 탄수화물원인 밀을 원료로 하여 황국균을 번식시켜 만든 것으로 장맛이 일정할 뿐 아니라 감미가 더 높다.

(1) 메주의 제조

메주콩은 삶거나 쪄서 충분히 익힌다. 이렇게 콩을 익히면 세포벽이 파괴되고 콩단백질이 변성되어 효소 작용이 용이해지며 살균효과까지 얻을 수 있다. 익힌 콩은 식기 전에 찧어서 메주덩어리를 만드는데 호기성 곰팡이가 잘 번식하도록 다공성으로 만드는 것이 좋다. 만든 메주는 해로운 곰팡이(특히 *Penicillium*, *Aspergillus flavus* 등)의 번식을 막기 위해서 표면을 충분히 말린다.

(2) 메주 띄우기

말린 메주는 짚을 깔고 잘 덮어서 따뜻한 방에서 수 주 간 띄우는데, 이 과정에서 고초균(*Bacillus subtilis*)이 발육하면서 단백분해효소를 내게 된다. 이때 온도가 높거나 습기가 많으면 잡균이 생겨 메주가 썩어 버린다.

잘 뜬 메주는 표면이 잘 말라서 해로운 푸른곰팡이(*Penicillium*), 검은곰팡이, 붉은곰팡이 등이 없어야 하며, 내부는 고루 떠야하는데 지나치게 떠서 속이 곪은 것은 좋지 않다.

근래에는 대두에 아스퍼질러스 오리제(*Aspergillus oryzae*)를 배양(종국, koji)하여 띄운 것을 '개량메주'라 하여 상품화하고 있다.

(3) 메주가 장이 되는 과정

된장, 간장을 만들기 위해서는 띄운 메주를 소금물에 담가서 약 1~2달간 숙성시킨다. 먼저 메주를 깨끗이 씻어서 햇빛에 충분히 말려서 약 18%의 소금물에 담근다.

담근 후 소금물 위로 나온 메주덩어리에 소금을 얹어서 노출된 메주의 표면에 잡균이 번식하지 못하도록 하였다. 또 숯 덩어리와 마른 붉은 고추를 띄웠는데, 숯은 나쁜 냄새를 흡착하기 위해서이고 고추는 잡균의 번식을 막기 위해서였다.

[그림 2-6] 장 담기

이렇게 한 후 맑은 날 아침에는 장독 뚜껑을 열고 저녁에는 닫기를 반복하는 정성을 기울였다. 장독 뚜껑을 여는 것은 자연 속의 효모가 들어가게 하여 장의 맛과 향기를 증가시키기 위해서이다. 또 장 액면에 생길 수 있는 산막효모의 발생을 막아 장의 풍미가 저하되는 것을 막기 위해서이다.

소금물에서는 국균은 더 이상 성장할 수 없지만 균이 생산한 단백질 분해효소와 탄수화물 분해효소는 계속 작용하여 당분과 아미노산을 생성한다. 동시에 내염성 야생효모가 번식하여 알코올과 탄산가스(CO_2)를 생성하며 젖산균, 초산균 등이 증식하여 유기산을 생성한다.

생성된 알코올과 유기산에 의해서 에스터(ester) 방향물이 생성된다. 이렇게 생

성된 여러 물질은 장류에 단맛, 감칠맛, 신맛을 주고 탄산가스(CO_2)와 에스터 방향물은 특유의 향기와 맛을 준다.

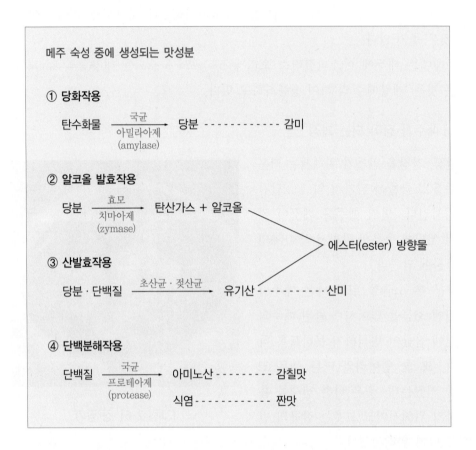

3) 된장과 간장의 제조

(1) 된장의 제조

된장은 재래식 된장과 개량식 된장[그림 2-7]으로 구분되는데, 재래식 된장은 콩만으로 메주를 만들어 담그며 주로 관여하는 미생물은 세균의 일종인 바실러스 서브틸리스(*Bacillus subtilis*)이다.

일본식 된장(미소)은 콩과 곡류를 섞어서 장을 담그고 미생물도 곰팡이의 일종인 아스퍼질러스 오리제(*Aspergillus oryzae*)에 의해서 주로 발효된 것이므로 우리 전통 장과 차이가 있다. 아스퍼질러 오리제는 탄수화물 분해능력이 뛰어나므로 장류의 맛은 단맛이 강한 부드러운 맛이 특징이다.

개량식 된장은 전분질 원료(쌀, 보리, 밀 등)에 아스퍼질러스 오리제를 번식시켜 만든 코오지(Koji)에 삶은 콩과 소금을 섞어서 담근 것이다. 개량식 된장은 우리 전통 재래식 된장과 일본식 된장의 장점을 섞어 만든 된장이라고 할 수 있다.

재래식 된장에는 메주로 장을 담가서 장물(간장)을 뜨고 난 건더기로 만든 것(막된장)과 된장을 맛있게 하기 위하여 메주에 소금물을 알맞게 부어 넣고 익혀서 간장을 떠내지 않은 것(일종의 토장)이 있다.

개량식 된장은 순수 미생물만을 접종시킨 것이기 때문에 효소작용이 왕성해 제조기간이 짧고 잡균이 섞일 우려가 없으므로 위생상 안전하다는 장점이 있다. 그러나 사용하는 전분질 재료의 종류와 양, 소금의 양에 따라서 성분은 물론 풍미에 차이가 생기므로 목적하는 제품에 따라서 적절히 배합하여야 한다.

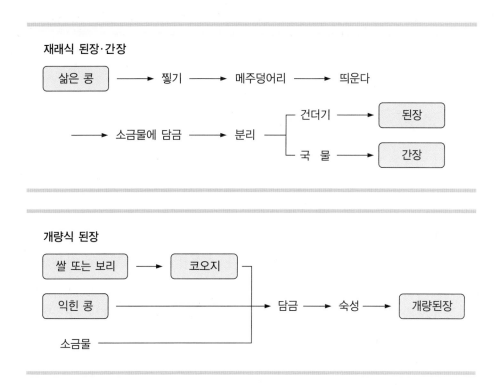

[그림 2-7] 재래식 된장·간장, 개량식 된장 만드는 과정

(2) 간장의 제조

간장은 전통적으로 가정에서 만드는 재래식 간장[그림 2-7]과 공장에서 생산하는 개량식 간장[그림 2-8]으로 나눈다. 된장의 경우와 같이 재래식은 콩만을 원료로 하고 주로 세균(*Bacillus subtilis*)에 의해서 발효된다. 개량식은 콩과 전분질 원료를 섞어서 사용하고 주로 곰팡이(*Aspergillus oryzae*)에 의해서 발효된다. 재래식은 간장을 분리한 메주건더기를 된장으로 이용하기 때문에 통콩을 쓰지만 개량식은 찌꺼기를 버리기 때문에 지질을 빼고 남은 탈지대두(대두박)를 주로 이용한다.

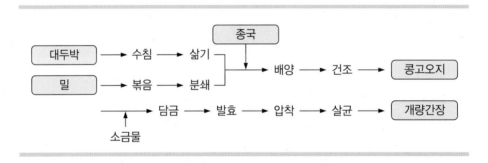

[그림 2-8] 개량식 간장 만드는 과정

개량식 간장은 발효와 분해에 따라 양조간장과 산분해간장(화학간장)으로 구분된다. 양조간장은 우수한 균주를 사용하여 발효시킨 것으로서 맛이 부드럽고 품질이 우수하지만 시간과 경비가 많이 소요된다는 단점이 있다. 산분해간장은 미생물 대신 산을 이용해 콩 단백질을 분해한 것으로 원료의 이용률이 높고 값이 싸며 시간이 적게 소요되지만 맛은 단조롭다. 혼합간장은 양조간장과 산분해 간장을 혼합한 것으로 양조간장의 혼합비율이 높을수록 값이 비싸다[표 2-12].

간장 원료의 배합비는 간장의 품질을 좌우한다. 콩을 많이 배합하면 구수한 맛이 강하여 풍미가 진하나 향기가 떨어진다. 반면 밀을 많이 배합하면 발효가 잘 일어나 단맛과 향기는 높으나 구수한 맛이 적고 풍미가 떨어진다. 소금물의 농도가 높으면 발효를 억제하여 질소성분의 분해와 용해가 덜 되는 반면 소금물의 농도가 낮으면 숙성은 빠르나 신맛이 높아진다.

[표 2-12] 간장의 종류

분류	재료	맛	조리용도	종류		특성
재래식 간장 (조선간장, 국간장)	대두 소금	대두, 소금 이외에 다른 재료가 들어 가지 않아서 맛이 담백하고 빛깔도 맑다.	국 나물무침 조림 육포 등	햇수 (농도 차이)	국간장 (청장)	• 담근 햇수가 1~2년 된 간장으로 색이 연하여 주로 국에 이용된다.
					중간장	• 담근 햇수가 3~4년 된 간장으로 주로 찌개나 나물 등에 이용된다.
					진간장	• 담근 햇수가 5년 이상된 간장으로 맛이 달고 색이 진해서 약식, 초류, 조림, 육포 등 색을 내는 음식에 이용된다.
				담그는 시기	정월장	• 정월에 담그는 장
					이월장	• 이월에 담그는 장
					시월장	• 시월에 담그는 장
					납평장	• 동지 섣달에 담그는 장
개량식 간장 (왜간장, 진간장)	탈지대두 밀 소금	대두, 소금 이외에 밀 등을 넣어서 단맛이 난다.	조림 볶음 갈비찜 등		양조간장	• 원료·중의 단백질원과 탄수화물원을 코오지의 효소에 의해 당과 아미노산으로 분해하는 방법 • 향기와 풍미가 우수하나 제조기간이 길다 (6개월).
					산분해간장 (아미노산 간장)	• 단백질 원료를 산으로 가수분해하여 아미노산으로 분해한 후, 각종 첨가물로 간장의 색, 맛, 향기를 낸다. • 원료의 이용률이 높아 구수한 맛이 강하고 값이 싸다. • 제조기간이 짧다(70~80시간).
					혼합간장	• 양조간장과 산분해 간장을 일정비율로 혼합하여 제조한다.

우리나라 전통 재래식 간장은 용도에 따라서 국간장과 진간장으로 나눌 수 있다. 국간장은 단맛이 적은 대신 감칠맛이 있으며 색깔이 진하지 않아서 주로 국을 끓이는 데 사용한다. 진간장은 국간장을 오래 묵혀서 만든 것으로 시간이 경과함에 따라 아미노산과 당이 많이 생성되어 메일라아드(maillard) 반응에 의한 갈변으로 색깔이 진하게 되고 단맛이 강해진다. 따라서 진간장은 주로 조림, 육포 등 색을 내는 데 쓰인다.

4) 된장과 간장의 성분

간장과 된장의 성분은 장의 종류와 제조방식에 따라 큰 차이가 있으며 저장기간에 따라 성분의 변화가 있다[표 2-13].

[표 2-13] 된장 및 간장의 일반성분

(가식부 100g 기준)

성분 식품	에너지 (kcal)	수분 (g)	단백질 (g)	지질 (g)	회분 (g)	탄수화물 (g)	무기질(mg)					비타민(mg)				식염 (g)
							칼슘	인	철	칼륨	나트륨	B₁	B₂	나이아신	C	
대두	420	9.7	36.2	17.8	5.6	30.7	245	620	6.5	1340	2	0.53	0.28	2.2	0	0
재래된장	171	54.0	13.6	8.2	12.5	11.7	84	208	2.5	647	3748	0.04	0.12	1.2	0	9
재래간장	39	70.4	7.7	0.3	16.7	4.9	38	155	0.9	390	7157	0.02	0.08	1.2	0	18

*식품성분표 제8개정판, 농촌진흥청

(1) 유리당 및 유기산

간장에 있는 유리당은 감미원으로서 간장의 맛을 돋우며 유기산 역시 간장의 산미와 방향성분의 역할을 한다.

유리당은 갈락토오스, 포도당, 아라비노오스(arabinose), 자일로오스(xylose) 등이 극히 소량 들어 있으며, 이 중 갈락토오스가 60% 이상을 차지하고 있다. 재래식 간장은 순 콩으로만 메주를 쑤어 발효시킨 것이기 때문에 개량식 간장보다 감미가 낮다.

유기산은 휘발성인 개미산(formic acid), 초산(acetic acid), 프로피온산(propionic acid), 낙산(butyric acid) 등과 비휘발성인 젖산(lactic acid), 호박산(succinic acid), 수산(oxalic acid), 주석산(tartaric acid), 글루탐산(glutamic acid), 사과산(malic acid) 등이 함유되어 있다.

이 중에서 간장의 풍미에 큰 영향을 미치는 휘발성 유기산은 초산, 프로피온산, 낙산 등이다[그림 2-9].

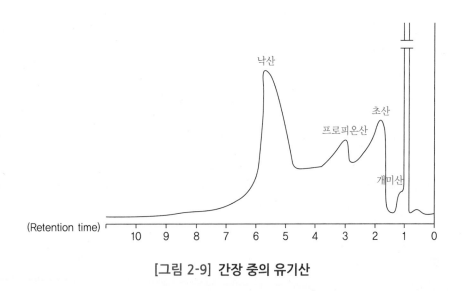

[그림 2-9] 간장 중의 유기산

[표 2-14] 간장 중 유기산 함량

유기산 \ 간장종류	재래식	개량식	유기산 \ 간장종류	재래식	개량식
포름산(formic acid)	1.28	4.22	프로피온산(propionic acid)	27.56	27.10
아세트산(acetic acid)	21.15	49.10	뷰티르산(butyric acid)	37.20	19.58

(2) 아미노산

아미노산은 된장, 간장의 맛을 좌우할 뿐만 아니라 영양적으로도 중요한 성분이다. 된장의 아미노산 함량은 숙성기간에 따라 차이가 있는데, 특히 메티오닌은 숙성 1개월 동안 1/2 정도의 급격한 감소를 나타내지만 그 후에는 그다지 변화가 없다.

된장은 총 아미노산의 1/3이 유리상태이며 특히 함량이 제일 많은 글루탐산은 거의 대부분 유리상태로 존재한다. 그리고 필수아미노산인 라이신은 많고 메티오닌이 제한 아미노산이다[표 2-15]. 간장 중에는 글루탐산, 아스파르트산, 라이신의 함량이 높으며 이들이 간장 맛에 큰 영향을 준다.

[표 2-15] 개량식 및 재래식 된장의 아미노산 조성(mg/g)

된장 종류 아미노산	재래식 된장	개량식 된장
아스파르트산(aspartic acid)	8.67	10.32
트레오닌(threonine)	3.83	3.63
세린(serine)	4.46	4.50
클루탐산(glutamic acid)	13.81	18.60
프롤린(proline)	4.47	5.59
글라이신(glycine)	4.17	3.88
알라닌(alanine)	6.40	4.09
발린(valine)	5.80	4.81
이소루신(isoleucine)	5.04	4.61
류신(leucine)	8.28	7.42
티로신(tyrosine)	5.26	3.5
페닐알라닌(phenylalanine)	5.87	4.71
라이신(lysine)	6.48	4.71
히스티딘(histidine)	2.07	1.70
아르기닌(arginine)	3.58	4.89
메티오닌(methionine)	0.81	0.80
시스테인(cystein)	1.35	1.05
트립토판(tryptophan)	1.46	0.84

개량식 간장, 수입 일본간장, 재래식 간장 등의 아미노산 함량은 시판간장의 경우 3.9~6.9%, 수입 일본간장은 7.4~7.7%, 재래식 간장은 2.3%이다. 개량식은 필요한 순수 미생물만으로 발효시킨 것이므로 자연의 여러 균이 작용하여 발효된 재래식보다 아미노산 등이 더 많다.

그러나 생체 기능 조절에 효과가 있는 펩타이드 등은 재래식 간장에 더 많이 함유되어 있다. 또한 유기산의 종류는 재래식 간장에서 더 많이 발견되지만 총 유기산 함량은 시판 간장에 더 많다.

[그림 2-10] 장독대

5) 된장 및 간장의 식품학적 의의

된장, 간장 등의 장류는 한국음식에서 가장 중요한 조미료이면서 부식으로 거의 모든 음식에 다양하게 이용되고 있다. 장의 재료인 콩에는 단백질이 약 40%로 곡류, 두류 중 으뜸(쌀 6.4%, 보리 9.9%, 조 9.3%, 옥수수 3.8%, 밀 10.6%)일 뿐만 아니라 아미노산 조성에서도 양질이다.

콩에는 지질이 18~20%나 함유되어 있다. 그리고 구성지방산도 불포화지방산인 리놀레산, 리놀레닌산이 많다. 이들은 혈액 속의 콜레스테롤의 양이 늘어나는 것을 막는 동시에 동맥 혈관의 벽에 침착한 콜레스테롤을 녹여내는 작용을 한다.

『동의보감(東醫寶鑑)』에 의하면 메주는 감기, 식체, 천식 등에 효과가 있으며 식품의 독을 없앤다고 한다. 또 "장은 흔히 콩과 밀로도 만들지만 그 약효가 두장(豆醬)에 미치지 못하며, 육장과 어장은 해(醢)라 하는데 이것은 약에 넣어서는 안 된다."고 메주와 장의 효능에 대하여 기록하고 있다.

옛날부터 된장에 오덕(五德)이 있다고 하였다. 즉 된장은 다른 맛과 섞여도 제

맛을 잃지 않는다고 하여 단심(丹心)이라 했고, 오래두어도 변질되지 않으므로 항심(恒心), 비리고 기름진 냄새를 제거해 준다고 하여 불심(佛心), 매운맛을 부드럽게 해주므로 선심(善心), 어떤 음식과도 잘 조화되므로 화심(和心)이라 하며 다섯 가지 덕을 칭송했다.

최근 전통 장류의 산업화와 국제화를 위하여 장류의 생리적 기능에 관한 연구가 활발하게 진행되고 있다. 된장 중의 제니스테인(genistein)은 콩 중의 항암 물질인 제니스틴(genistin)이 된장이 되면서 효소와 미생물의 작용에 의해 전환된 것으로 항암 활성이 더 높으며, 항산화, 항암 효과가 있는 베타-시토스테롤(β-sitosterol)은 발효과정 중에 더 많이 생성된다.

된장, 간장의 콩 분해산물인 펩타이드는 항암 활성 외에 혈압강하, 혈액의 콜레스테롤과 중성지질 감소, 혈전생성 억제, 면역증강, 칼슘 흡수 촉진 등의 효과가 있는 다기능성 물질로 알려져 있다. 또 항종양, 항감염, 콜레스테롤 저하 등의 효력이 있는 키토올리고당(chitosan oligo saccharide, 키틴, 키토산의 분해산물)은 일본 된장, 간장보다 우리 전통 장류에 50배 이상 많다고 보고되고 있다. 그 외 리놀레산, 트립신저해제도 항돌연변이, 항암효과가 있다.

이런 항암, 항돌연변이 효과는 콩의 비율이 높은 재래식(콩 100%)이 개량식(콩 70%, 밀 30%)보다 효과가 더 크며 일본의 미소(콩 50%, 쌀 50%)는 가장 낮은 것으로 보고되고 있다. 또 콩보다는 콩을 발효시켰을 때 항암성이 더 큰 것으로 보고되고 있다.

발암물질로 알려진 아플라톡신은 한때 된장에 남아있다 하여 많은 논란이 있었으나 최근의 연구에 의하면 이 물질은 발효과정 동안 생성되는 암모니아, 멜라노이딘(melanoidin) 등과 메주를 수세하고 햇빛에 말리는 일련의 과정 중에 제거된다고 한다.

된장 및 간장의 갈변물질(melanoidin), 이소플라본, 카페익산(caffeic acid) 등은 지질의 산화를 막는 항산화작용을 한다. 또 된장에는 미생물에서 유래되었을 가능성이 있고 열에 안정성이 높은 면역증강 물질이 존재하고 있으며, 함유량은 재래식 전통 된장이 일본된장이나 시중 된장보다 훨씬 높다고 한다.

2. 고추장

옛날부터 조미료로 이용되어 온 고추장은 간장, 된장과 함께 대표적인 발효식품이다. 탄수화물의 가수분해로 생성된 당류의 단맛, 단백질이 분해하여 생성된 아미노산의 감칠맛, 고추의 매운맛과 소금의 짠맛 등이 잘 조화를 이룬 식품이다. 특히 고추장은 된장, 간장과는 달리 전분질이 주원료가 되어 단맛이 많다.

1) 식문화사적 배경

고추와 우리나라의 된장 문화가 결합된 고추장은 임진왜란 이후, 1700년대 후반에 등장하였다. 1800년대 초의 『규합총서』에 순창 고추장과 천안 고추장이 팔도의 명물로 소개되어 있다.

『증보산림경제(1765)』에는 고추장을 비롯한 특수장(醬) 만들기가 몇 가지 소개되어 있다. "콩으로 만든 말장(末醬)가루 1말에 고춧가루 3홉, 찹쌀가루 1되의 3미(三味)를 취하여 좋은 청장(淸醬)으로 개어서 침장(沈醬)한 뒤 햇볕에서 숙성시킨다."고 하였다. 고추가 들어오기 전에는 천초(川椒)를 섞은 된장을 담그고 있었다. 『도문대작(屠門大嚼, 1611)』에 천초장이란 말이 나온다.

2) 고추장의 제조

전통 고추장은 콩이나 기타 전분질 원료로 고추장 메주를 만들고 이것과 전분질 원료 및 고춧가루, 소금 등을 혼합해서 담근다. 고추장메주에는 뮤코(*Mucor*), 라이조푸스(*Rhizopus*), 아스퍼질러스(*Aspergillus*) 등의 야생곰팡이와 바실러스 서브틸리스(*Bacillus subtilis*, 고초균) 등의 야생세균이 증식한다.

잘된 고추장 메주는 독특한 고초균 냄새 외에 신 냄새나 썩은 냄새가 나지 않아야 하며 표면에 푸른곰팡이(*Penicillium*)가 발생하지 않고 내부에는 고초균이 고르게 증식되어 있는 것이 좋다. 말린 고추장 메주가루는 구수한 향이 나고 노란 빛깔이 나는 것이 좋다.

공장에서 생산하는 고추장은 주로 소맥분을 원료로 아스퍼질러스 오리제 (*Aspergillus oryzae*)를 이용하여 만든 코오지를 사용하여 고춧가루, 소금 등을 혼합 해서 담근다. 코오지는 일본식 메주라고 볼 수 있는데 코오지 띄우기가 메주 만 드는 작업보다 용이하고 기술이 표준화 되어 있어 공장에서 많이 이용하고 있 다. 코오지 고추장[그림 2-11]은 장기간의 발효숙성과정을 거치는 숙성식 고추장 과 10여 시간에 완성해내는 당화식 고추장으로 구별한다.

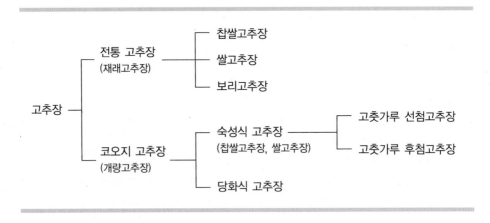

[그림 2-11] 고추장의 분류

고춧가루 첨가시기에 따라서도 차이가 나는데, 미리 고춧가루를 첨가한 후 숙 성시키는 선첨 고추장의 경우 다소 검붉은 빛을 띠지만 깊은 맛을 느낄 수 있고, 숙성 후 고춧가루를 첨가하는 후첨 고추장의 경우 고추의 고운 빛깔을 살릴 수 있는 특징이 있다.

일반적으로 고추장은 먼저 전분질 원료인 쌀이나 찹쌀을 호화시킨 후 식혀서 (75℃ 정도) 메주가루나 코오지 가루를 넣어 섞는다. 이것을 약한 불(60℃, 3~5시간) 에 가열하여 전분의 당화와 단백질의 분해가 일어나도록 한다.

단맛과 구수한 맛이 적당할 때 고춧가루와 소금을 넣어 잘 섞어서 25℃ 이하 의 저온에 두어 숙성시킨다[그림 2-12]. 고추장은 신맛이 나지 않아야 하며 단 맛, 구수한 맛, 매운 맛, 짠 맛이 잘 조화되어야 한다.

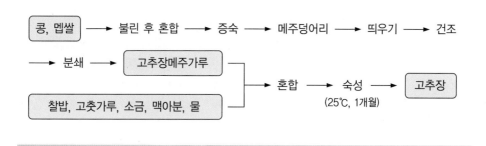

[그림 2-12] 고추장 만드는 과정

[표 2-16] 전통 고추장의 원료 배합비(g)

원료	예	예 1	예 2
메주용	대두	240	280
	멥쌀	240	280
담금용	찹쌀	1,600	1,600
	엿기름가루	–	540
	고춧가루	800	900
	소금	600	600
	물	1,200	1,200

3) 고추장의 성분

고추장은 콩 100%를 사용하는 된장과 달리 콩과 쌀, 보리 등의 전분질 원료에 고춧가루를 넣은 것이므로 단백질 함량이 된장보다 적은 대신 당분이 많다. 유리당은 포도당, 과당, 맥아당, 람노스(rhamnose) 등이 있다. 아미노산 가운데서는 글루탐산이 가장 많고 티로신, 트립토판, 페닐알라닌의 함량은 매우 적다.

유기산은 피로글루탐산(pyroglutamic acid), 피루브산(pyruvic acid), 구연산(citric acid)이 가장 많고, 고추장의 매운맛 성분인 캡사이신(capsaicin) 함량은 0.01~0.02% 정도이다. 또 고추장의 품질을 평가하는 중요한 성분인 캡산틴(capsanthin)과 카로틴(carotene), 루테인(lutein) 등의 카로티노이드계 색소도 함유되어 있다.

[표 2-17] 고추장의 일반 성분

(가식부 100g 기준)

식품＼성분	에너지 (kcal)	수분 (g)	단백질 (g)	지질 (g)	회분 (g)	탄수화물 (g)	베타카로틴 (㎍)	비타민 C (mg)	식염 (g)
고춧가루	324	12.9	14.9	10.0	5.0	57.2	20640	32	0
재래고추장	178	44.6	4.9	1.1	8.2	43.8	2445	5	8
개량고추장	212	39.9	5.6	0	7.2	47.3	391	미량	6

*식품성분표 제8개정판, 농촌진흥청

4) 고추장의 식품학적 의의

고추장은 우리나라 고유의 발효성 저장 식품으로 조미와 향신의 두 가지 목적을 겸비하고 있는 것이 특징이다. 즉, 당류로 인한 단맛과 아미노산류의 감칠맛, 유기산류의 청량미, 소금의 짠맛 등이 조화되어 조미효과를 내고 있으며 고추의 캡사이신에 의한 매운맛, 미량의 에스터(ester)향 등에 의한 향신효과도 가지고 있다. 고추장은 이러한 풍미효과로 사용범위가 넓어서 맵고 얼큰하게 먹는 거의 모든 요리에 이용되고 있으며, 비빔밥이나 상추쌈 등에서는 맛의 중심이 되고 있다.

최근 고추장의 생리활성에 대한 동물실험에서 발효가 잘된 고추장이 발효가 안 된 고추장에 비해서 체중감소 효과가 컸다는 보고가 있으며, 또 면역기능 항진 효과도 알려지고 있다.

고추의 매운맛 성분인 캡사이신은 항균작용, 체지방감소 기능 등이 있으며, 다량 함유된 베타카로틴과 비타민 C는 항돌연변이, 항암작용을 하는 것으로 알려져 있다.

3. 청국장(清國醬)

청국장은 콩 발효식품류 중에서 가장 짧은 기일(2~3일)에 숙성되며 맛과 풍미가 특이하다. 영양적면이나 경제성에서 가장 효과적인 콩 섭취 방법으로 인정받고 있다.

1) 식문화사적 배경

청국장에 대한 이야기는 『증보산림경제』중 청국장에 관한 『조전시장법(造煎豉醬法, 속칭 전국장)』에 처음 나온다. 그 내용을 살펴보면 "햇콩 한 말을 삶은 뒤 가마니에 재우고 따뜻한 방에서 3일간 띄워서 실이 생기면 꺼내고 따로 콩 다섯 되를 볶아 껍질을 벗기고 가루를 낸다. 양자를 섞어서 절구에 찧어 햇빛에 말리는데, 때때로 맛을 보면서 소금을 가감하여 삼삼하게 담근다."고 적혀 있다.

[그림 2-13] 청국장

속설에는 병자호란 때 호군(胡軍)의 군량이 운반하기 좋은 시(豉, 청국장)인 것을 보고는 이때부터 이것을 청국장 또는 전국장이라 부르게 되었다고 한다. 전시(戰時)부식으로 단기 숙성이 가능했기 때문에 붙여진 이름으로 전국장(戰國醬)이라고 했으며 청나라로부터 전래되었다는 의미로 청국장이라고 했다.

2) 청국장의 성분

원료인 콩에 비해 청국장은 탄수화물, 단백질, 칼슘, 철 등의 함량은 낮지만 비타민 B_2, 비타민 B_{12} 등의 함량은 오히려 증가한다[표 2-18].

[표 2-18] 청국장의 일반성분

(가식부 100g 기준)

성분\식품	에너지(kcal)	수분(g)	단백질(g)	지질(g)	회분(g)	탄수화물(g)	무기질(mg)					비타민(mg)				
							칼슘	인	철	칼륨	나트륨	A(RE)	B₁	B₂	나이아신	C
대두	420	9.7	36.2	17.8	5.6	30.7	245	620	6.5	1340	2	0	0.53	0.28	2.2	0
청국장	108	70.7	10.2	0.8	3.4	14.9	96	177	3.8	602	961	13	0.15	0.29	1.5	0
청국장 가루	411	4.4	38.8	16.4	11.6	28.8	207	626	9.0	1665	2487	0	0.18	0.67	0.5	0

*식품성분표 제8개정판, 농촌진흥청

특히 비타민 B_2의 증가가 현저하였으며 콩에는 없었던 B_{12}도 발효 중 생겼다. 아미노산의 함량은 글루탐산이 가장 많고 그 다음 류신, 트레오닌의 순이며 메티오닌, 시스틴은 가장 적다[표 2-19].

[표 2-19] 청국장 중의 아미노산

(건조 중량 100g 기준)

아미노산	함량(g)	아미노산	함량(g)
글라이신(glycine)	0.06	히스티딘(histidine)	0.08
알라닌(alanine)	0.20	페닐알라닌(phenylalanine)	0.10
발린(valine)	0.10	티로신(tyrosine)	0.03
이소루신(isoleucine)	0.12	프롤린(proline)	0.07
류신(leucine)	0.28	트립토판(tryptophan)	0.04
아스파르트산(aspartic acid)	0.04	메티오닌(methionine)	0.02
글루탐산(glutamic acid)	0.36	시스틴(cystine)	0.01
라이신(lysine)	0.10	세린(serine)	0.04
아르기닌(arginine)	0.09	트레오닌(threonine)	0.22

청국장의 진은 글루탐산이 약 5,000개 연결된 폴리펩티드(polyglutamate)와 과당(fructose)으로 구성된 프락탄(fructane)의 혼합체이다. 이들의 비율은 일정하지 않으며 발효가 진행됨에 따라 폴리펩티드 함량은 60~80% 증가하고 프락탄의 함량은 감소한다. 청국장의 당은 프락탄의 형태로 존재하므로 단맛은 거의 느끼지 못한다.

3) 청국장균

청국장은 짧은 시간에 콩 단백질의 가수분해가 잘 되는데 이것은 청국장균의 강력한 프로테아제 작용 때문이다. 볏짚에 붙어 있는 청국장균을 고초균(*Bacillus subtilis*)이라 한다. 이 균은 볏짚이 살아있을 때 볏짚에서 함께 살다가 볏짚이 마른 후에는 포자를 형성해서 휴면상태로 붙어 있다.

볏짚에는 무수히 많은 종류의 균이 있지만 삶은 콩에 볏짚이 닿으면 휴면상태의 균들이 경쟁을 하게 되고 결국 청국장균이 승리하여 청국장 발효를 주도하게 된다. 보통의 균은 50~60℃에서 거의 죽지만 고초균은 45℃가 생육적온이며 65℃에서도 활동할 수 있고 포자를 형성하면 120℃까지도 견딜 수 있는 고온성 균이다. 발효에 따른 고열이 되면 다른 균은 전부 죽지만 고초균은 잘 견디면서 발효를 진행하게 된다. 따라서 청국장균은 콩이 뜨거울 때 접종해도 생육에 문제가 없으며 오히려 고온으로 인해 충격을 받아서 발아가 촉진된다.

청국장균은 약 알칼리성에서 잘 살고 pH 4.5 이하에서는 살기가 힘들다. 익힌 콩은 pH 6.4~6.8이고 발효가 진행되면 pH 7.6까지도 상승하는데, 이 변화는 청국장균의 생육에 가장 적절한 조건이 된다. 산소도 청국장균의 생육에 필요하므로 발효 시에 공기가 충분히 통하도록 해주는 것이 좋다.

그러나 야생균에 의한 청국장 발효가 항상 성공하는 것은 아니며 볏짚에 부착되어 있는 고초균의 종류에 따라 청국장의 품질이 달라진다.

집집마다 청국장 맛이 다른 이유도 바로 이 때문이다. 즉, 프로테아제 활성이 강한 균이 많은 볏짚을 사용하면 청국장의 맛이 좋고 그렇지 않으면 청국장의 맛도 나쁘고 부패, 변질하기도 쉽다. 따라서 품질개선을 위해서는 청국장 제조 시 우수한 균주를 선별할 필요가 있다.

일본에서는 청국장균으로부터 우수한 균주(*Bacillus natto*)를 배양하여 보다 위생적이고 안전하며 일관성 있는 맛의 청국장(낫또)을 제조하고 있다.

4) 청국장 제조법

청국장은 콩을 그대로 이용하고 온돌에서 뜨게 한 것이 특징이다. 제조법은 간단하여 삶은 콩을 볏짚이나 멍석 등으로 싸서 따뜻한 방에서 약 2일간 발효하여 점질물에 의한 균사가 발생할 정도에 이르면 조미하고 찧어서 식용하였다. 소화가 잘되고 특수한 풍미를 내는 영양식품으로 가을에서 이른 봄까지 많이 식용하였다.

청국장은 장류 중에서 숙성기간이 짧은 것이 특징이며 숙성 중 청국장균의 강력한 프로테아제 생성으로 단백분해가 신속히 일어난다.

소립종 대두가 대립종보다 맛이 좋으므로 소립종으로 만드는 것이 좋다. 콩을 수세 후 3배량의 물에 담가 15~18시간 정도 불린다. 불린 콩을 익힐 때 물에 넣고 삶는 방법과 시루에 넣고 찌는 방법이 있는데 영양 손실을 줄이기 위해서는

찌는 것이 좋다. 압력밥솥을 이용할 수도 있는데 내부에 물을 붓고 시루밑창 위에 콩을 올려놓아 김이 오르면 약한 불에서 20분 정도 가열하여 익힌다.

익힌 콩은 60℃ 정도로 냉각한 후 나무상자나 소쿠리에 담고 볏짚을 덮거나 혹은 배양된 종균을 콩에 골고루 뿌리고 잘 섞은 후 45℃에서 18시간 정도 두어 발효시키는데 보통 2~3일 후 진이 생긴다. 진이 나는 상태와 냄새를 통해 발효의 종결을 결정하며 지나친 발효는 암모니아 냄새가 강해지므로 주의한다.

볏짚이 없을 때는 기존의 청국장을 스타터로 이용하거나 공기 중의 청국장균을 이용할 수 있다. 잘 뜬 콩을 식기 전에 소금, 마늘, 고춧가루, 파 등을 넣고 찧어서 단지에 눌러 담는다. 소금은 약 7% 정도를 첨가하는데, 이는 청국장의 저장성을 높이기 위함이다.

5) 청국장의 식품학적 의의

콩은 그 자체로도 좋은 식품이지만 청국장으로 만들면 새로운 기능성이 더해진다. 즉 콩 자체의 우수한 영양성분에 청국장균이 생산하는 여러 가지 유익한 물질들과 청국장균 자체의 작용 등이 상승효과를 내어 기능적으로 우수한 식품으로 거듭나는 것이다. 비타민제나 감기약이 귀했던 옛날에는 약용으로도 쓰였다.

(1) 소화작용

청국장에는 청국장균이 생성해 놓은 여러 가지 효소가 많을 뿐만 아니라 청국장 1g 속에 10억 개 이상의 균이 들어있다. 각종 효소와 살아있는 청국장균이 몸에 들어가면 소화활동을 활발하게 한다.

청국장 속에 있는 주요 효소들을 보면 프로테아제, 아밀라아제, 리파아제(lipase), 셀룰라아제(cellulase), 그 외에도 우레아제(urease), 퍼옥시다아제(peroxidase), 카탈라아제(catalase), 펙티나아제(pectinase) 등이 있어 우수한 소화제라 할 수 있다.

(2) 정장작용

청국장에는 식이섬유가 많고 올리고당이 많아서 비피더스균의 생육을 도와 정장작용을 한다. 장내 유용균 중 특히 중요한 것은 비피더스균이다. 비피더스균은 건강한 사람의 장내에서 유해균의 증가를 막아주는 작용을 하지만 나이가 들면 점차 세력이 약해진다. 연구에 의하면 콩에는 약 4.5%의 식이섬유가 있고 청국장 발효 중 올리고당도 많이 생성되는 것으로 나타났다.

(3) 고혈압, 심장병, 당뇨병 등에 대한 효과

우리 체내에는 고혈압을 일으키는 안지오텐신 변환효소(angiotensin convertting enzyme, ACE)가 있다. 청국장이 고혈압에 효과가 있다는 것은 청국장 발효 시 생성되는 펩타이드가 이 효소의 작용을 강력하게 저지하여 혈압을 낮추기 때문인 것으로 알려져 있다.

청국장에 많이 들어있는 칼륨은 여분의 수분이나 나트륨을 체외로 배설시키는 작용을 하여 혈압을 정상화시키는 역할을 한다. 또 레시틴은 혈관에 달라붙은 콜레스테롤을 녹여내어 몸 밖으로 배설시키는 작용을 함으로써 혈액순환을 부드럽게 하여 동맥경화, 고혈압, 심장병 등을 예방한다.

청국장균 중에는 혈전용해효소를 생산하여 혈전의 용해를 돕는 균이 있다. 혈전은 혈액이 굳어진 것으로 심장병이나 뇌졸중의 원인이 된다. 이 효소는 혈전을 용해하는 프라스민(plasmin)의 생성을 도우므로 혈관이 막히는 것을 방지하여 심근경색, 뇌졸중 등의 발병을 예방할 수 있다.

당뇨병에 걸리면 비타민 B_2의 흡수율이 저하되기 때문에 비타민 B_2의 보급은 당뇨병이나 합병증의 예방과 치료에 효과가 있다. 청국장 100g당 비타민 B_2는 0.29mg(청국장가루 0.67mg)으로 많이 들어 있다. 또 청국장에 많은 식이섬유는 섭취한 음식물의 장내 통과시간을 늦추어 혈당상승을 느리게 하므로 인슐린(insulin) 분비가 적어도 당 분해에 무리가 되지 않게 도와준다. 또한 레시틴도 인슐린의 분비를 왕성하게 해준다.

(4) 장내 부패균 및 병원균 방어효과

청국장균(*Bacillus subtilis*)은 장내 부패균의 활동을 약화시키고 병원균에 대한 항균작용을 한다. 부패균의 활동이 억제되면 발암물질이나 발암촉진물질(암모니아, 인돌, 아민 등)이 감소된다. 또 청국장균은 이런 유해물질을 흡착하여 배설시키는 작용을 한다.

오구로(Ohguro)는 청국장균이 포도상구균에 대해서 방어효과가 있음을 보고

하였다. 포도상구균(*Staphylococcus*)은 식중독을 일으키기도 하고 상처를 곪게 하는 등의 병원균으로 알려져 있으며, 그중에서 특히 황색포도상구균(*Staphylococcus aureus*)은 독성이 강하다.

오구로의 연구를 보면 보통의 쥐 복강에 황색 포도상구균을 주사하면 50~60시간 후에는 80%가 죽는 반면, 미리 청국장균 희석액을 복강 내에 주사해 놓고 8일이 지난 다음에 포도상구균을 복강 내에 주사하면 20%만 죽고 80%는 완전히 살아남았다. 즉 청국장균은 황색 포도상구균을 방어하는 힘이 있는 것이다.

(5) 항암작용

최근에 청국장이 암을 예방하거나 항암성이 있다는 말들을 많이 하는데 이것은 일본의 카메다의 연구(1967)에서 비롯되고 있다. 발표에 의하면 쥐에게 암세포를 접종한 후 청국장균의 현탁액을 주사하고 대조로서 단순한 완충액 주사로 비교한 결과 11일째 되는 날에는 청국장균에 의한 효과가 뚜렷하였다. 시험 쥐 15마리 중 6마리는 암세포가 소멸했고 8마리는 대조에 비해서 1/2 크기 이하였으며, 단 한 마리만이 크기가 1/2 정도였다.

청국장에는 항암효과가 있는 이소플라본, 제니스틴, 트립신저해제, 사포닌 등이 함유되어 있을 뿐만 아니라 대장암 예방에 중요한 물질인 식이섬유도 많이 함유되어 있다. 식이섬유는 유해성분이 장 점막과 접촉하는 시간을 줄이고 유해성분을 흡착해서 독성을 약하게 하는 작용을 한다. 따라서 음식물 속에 있을 수 있는 발암물질이나 장내에서 생긴 발암물질이 희석되고 단시간에 배설되기 때문에 대장암에 걸릴 가능성이 낮아진다.

청국장진의 주요 구성성분인 폴리글루탐산(polyglutamic acid)은 항암효과를 낼 뿐만 아니라 탁솔(taxol)이라는 항암물질을 체내에 효율적으로 운반해준다.

(6) 노화방지 효과

사람이 나이가 들어 각종 노화현상이 나타나는 원인으로 가장 주목 받는 것이 체내 지질의 산화작용이다. 청국장에 들어있는 갈변물질, 비타민 E, 플라보노이드류(flavonoid) 등은 우리 몸속에서 지질이 산화되는 것을 막아준다. 따라서 청국장은 노화나 주름살을 방지하는 좋은 항노화 식품이라 할 수 있다.

(7) 기타

제니스테인은 여성 호르몬인 에스트로겐과 유사하게 작용하기 때문에 피토에스트로겐으로 불리기도 하고, 폐경기 여성의 에스트로켄 결핍으로 유발되는 골다공증의 예방에 효과가 있는 것으로 알려져 있다. 뿐만 아니라 뼈 성분의 재흡수를 저해하는 효과가 있는 다이제인은 콩을 발효시키는 과정 중 대사되어 이피리플라본(ipriflavone)이 되어 골다공증을 예방한다.

핵산은 면역증강 및 항암작용 등에 생리활성이 있는 물질이다. 그러나 노화될수록 핵산의 체내 합성이 약화되어 음식물을 통한 핵산 공급이 도움된다고 한다. 최근 청국장에서 고분자핵산이 확인된 것이 보고되었다.

식품의 갈변현상은 미각을 돋우는 작용도 하지만 식품의 품질을 저하시키는 작용도 한다. 청국장의 갈변물질은 청국장균이 생산한 효소에 의해 분해된 당과 아미노산이 반응하여 만든 멜라노이딘(melanoidin)이다. 이 물질은 항산화작용뿐만 아니라 당뇨병이나 암 등의 예방에 유익한 생리활성 작용을 한다. 또 장내 유산균을 수십 배 증가시킨다고 한다. 청국장의 갈변물질은 콩보다 약 8배 많다.

6) 청국장의 식용방법

우리나라에서는 청국장을 주로 익혀서 먹는 찌개로 이용하고 있으나 일본은 대부분 날로 먹고 있다. 밥에 날달걀과 낫또를 넣고 비벼서 먹거나 겨자나 간장, 김 등과 함께 날로 버무려서 먹고 있다.

우리나라 사람들의 청국장 식용방법과는 차이가 있지만 청국장의 여러 기능적인 면을 볼 때 날로 먹는 것이 더 효과적이다. 청국장의 기능적인 효과는 앞에서 언급된 많은 생리활성 물질들의 작용에 의한 것이지만, 그중에서도 여러 종류의 효소와 많은 수의 청국장균의 역할이 크기 때문이다. 우리나라 사람들의 식미에 맞지 않는 낫또의 식용을 위하여 마늘을 넣어서 발효시킨 결과 맛이 좋았다는 연구 결과도 있다.

최근 청국장 가루를 첨가한 식빵, 머핀 및 두부의 품질특성에 관한 연구로 현대인의 식습관 변화에 따라 청국장 섭취의 형태도 다양하게 달라질 수 있음을 보여주고 있다.

제3장

어류 및 해조류를 이용한 전통식품

제1절 건어(乾魚)

어류의 장기저장을 위한 가장 손쉬운 방법 중의 하나가 건조(乾燥)하는 것이다. 건조는 전처리 방법에 따라 다음과 같이 분류할 수 있다.

어류건조법의 분류

① 소건법(素乾法)
그대로 말린 것으로 새우, 문어, 오징어, 조개류, 해조류, 생선류 등에 이용된다.

② 자건법(煮乾法)
한 번 쪄서 익힌 다음 말린 것으로 건조 중 변질을 막고 건조가 쉽게 된다. 멸치, 전복, 해삼, 새우 등에 이용된다.

③ 동건법(凍乾法)
얼려서 말리는 법으로, 대표적인 것에 황태가 있다.

④ 염건법(鹽乾法)
생선이나 어란을 소금 혹은 간장에 절였다가 말린다. 소금절임한 굴비와 간장에 절여 말린 숭어알은 최고의 식품으로 꼽힌다.

---

1. 황태

황태는 우리 조상들이 생활의 지혜를 살려 자연조건을 교묘하게 잘 이용하여 만든 우수한 수산가공식품이며, 오늘날도 관혼상제 등 의식의 필수품으로 이용되고 있다.

1) 식문화사적 배경

명태(明太, Alaska pollack)는 기름기가 적고 맛이 담백한 한류성 어류이다. 수온 2~4℃ 되는 찬 바다에 사는데 북태평양의 베링해를 비롯해 오오츠크해와 우리나라의 경북 이북 동해에 많이 서식하는 것으로 알려져 있다.

명태는 옛날부터 우리나라 사람들이 즐겨먹던 영양식품으로 특히 술을 마신 뒤 해장국으로 많이 이용되고 있다. 명태는 그대로 먹거나(생태) 말려서 먹고(북어)

알은 명란젓을 담그며 간은 간유를 만드는 원료로 쓰인다.

'명태'라는 이름은 조선 중엽 함경도 명천군(明川郡)에 살았던 태(太)모씨가 처음 잡았다고 하여 명태라는 이름이 붙여졌다고 한다. 별명도 갖가지로 북어(北魚), 동태(凍太), 선태(鮮太), 망태(網太), 외태, 간태, 섣달받이, 노가리 등 여러 가지이다.

[그림 3-1] 황태 덕장

명태를 말린 것을 북어 또는 건태(乾太)라고 하고 동결과 기화를 반복하여 말린 것을 더덕북어 또는 황태라고 한다. 우리나라의 명태 가공품 중 대표적인 것은 동건명태(凍乾明太)인 황태이다. 동해안 지방에서 겨울철에 많이 만드는 황태는 우리나라 특산품 중의 하나이며, 약 200여 년 전부터 우리나라에서 만들어졌고, 60여 년 전에 일본으로 기술이 이전되어 일본 북해도에서도 만들어지게 되었다.

2) 명태의 성분

일반적으로 명태육 단백질의 아미노산 조성은 필수아미노산이 고루 들어있는 질적으로 우수한 단백질이다. 그리고 유리아미노산으로서 글루탐산, 글라이신, 알라닌, 타우린(taurine) 등이 많아 이들이 명태의 담백한 맛에 중요한 구실을 한다. 또한 이노신산(inosinic acid) 같은 핵산관련물질도 명태의 맛을 내는 중요한 역할을 한다.

명태는 같은 조건에서 냉동했을 때 다른 어종에 비해 냉동변성이 적다. 이는 다른 어종의 경우 수분 함량의 변화에 따라 단백질 함량이 크게 변하지만, 명태는 수분 함량의 변화에 따른 단백질 함량의 변화가 적기 때문인 것으로 알려져 있다.

명태의 일반 성분은 [표 3-1]에서 보는 바와 같이 주성분이 단백질로 어육단백질 표준량(20±2%)과 비슷하다. 명태육의 지질 함량은 적어서 0.7% 정도이지만 간에는 지질 함량이 46.2%로 많고, 내장에는 1.8%, 정소에는 1.0%, 난소에는 11.9% 정도 함유되어 있다. 지방산 조성을 보면, 포화지방산으로는 팔미트산(palmitic acid), 불포화지방산으로는 올레인산(oleic acid), EPA, DHA가 있다. 특히 EPA, DHA와 같은 고도불포화지방산의 함량이 많아 혈청지질의 개선, 혈소판응집기능 저하 및 혈액점도의 저하 등, 생리적으로 효과가 있다는 연구보고가 있다.

그 외 칼슘과 인 등의 무기질 함량이 많으며 비타민은 양이 적다. 반면 명태 간유 1g 중에는 비타민 A가 3,000~30,000 I.U나 들어있다. 옛날 함경도 농민들 중에는 영양부족으로 갑자기 눈이 잘 보이지 않는 사람들이 겨울철 어촌으로 가서 명태 간유(肝油)를 먹고 눈이 밝아졌다는 이야기도 있다.

다른 어류에 비해서 수분 함량이 많은 명태는 냉동할 경우 냉동보관 조건이 나쁘거나 너무 오랫동안 보관하면 수분 증발로 육질이 스펀지(sponge)처럼 되어 버린다.

[표 3-1] 명태 및 황태의 일반 성분

(가식부 100g 기준)

성분\식품	에너지(kcal)	수분(g)	단백질(g)	지질(g)	회분(g)	탄수화물(g)	무기질(mg)			비타민(mg)			
							칼슘	인	철	A(RE)	B₁	B₂	나이아신
명태	80	80.3	17.5	0.7	1.5	0	109	202	1.5	17	0.04	0.13	2.3
황태	375	10.6	80.3	3.8	5.3	0	415	943	2.9	0	0.09	0.29	3.9

*식품성분표 제8개정판, 농촌진흥청

3) 황태 만드는 방법

명태는 1월~2월 중순이 가장 맛이 좋은 시기이며, 신선한 것으로 황태를 만들어야 좋은 맛이 난다.

명태를 황태로 만들 때는 가슴지느러미가 붙은 곳에서 항문까지 배를 갈라 내장을 제거한 다음 2~3℃의 민물에 씻어 피를 빼고, 하루 4~5회 물을 바꾸어 가면서 2~5일 동안 담가둔다. 이 과정은 물표백을 시키는 동시에 어체에 물을 충분히 흡수시켜 동결을 완전하게 하기 위한 것이다. 이렇게 하면 얼음결정이 잘 생성되어 육질이 다공질로 건조될 수 있다. 그 후 스무 마리씩 싸릿대에 머리를 꿰어서 덕에 걸어 겨울철 한랭한 공기에 완전히 동결시킨다.

건조는 자연건조로 0℃ 이상이 되면 해동(解凍)되고 0℃ 이하가 되면 동결된다. 이처럼 밤사이에 얼고 낮 동안에 녹는 것이 되풀이 되어 탈수건조 되는 것이다. 시기적으로는 12월 중순에서 2월 중순까지가 가장 좋다. 제품의 육질이 스펀지처럼 되어 수분 함량이 40% 정도 되었을 때, 옥내에 쌓아서 3~4일간 쟁여 두었다가 다시 건조시켜 수분 20~25%의 제품을 만든다.

동건명태는 인공 혹은 자연적으로 말린 일반 마른 명태와 달리 육질이 스펀지처럼 다공성이므로 조미료가 빨리 스며들고 입속에 넣으면 촉감이 부드럽고 풍미가 좋아 인기 있는 전통수산 건제품이다.

최근 동결건조기를 이용하여 단시간에 자연건조와 유사한 조직과 색, 식감을 가진 황태를 제조하는 방법이 동해안을 중심으로 연구되고 있다. 이러한 연구를 통하여 계절에 상관없이 황태를 제조할 수 있으리라 생각된다.

2. 굴비

1) 식문화사적 배경

조기는 한자로 조기(助氣, 石首魚)라고 하는데, 사람의 기운을 북돋아 주는데 효험이 있다 해서 붙여진 이름이다. 양질의 단백질이 풍부하고 소화를 잘 도와서 병이 났을 때 조기 국물을 마시면 회복이 빠르다고 한다.

조기류는 농어목 민어과에 속하는 어종으로 전세계에 약 160종이 서식하고 있는데, 그중 미국연해에 약 60종, 유럽연해에 20종, 열대지방연해에 37종, 일본연해에 14종이 서식하고 있다. 우리나라 연안에서 잡히는 것은 참조기(황조기), 수조기, 보구치, 부세, 강달어, 황강달이, 민간달이, 흑구어(黑口魚) 등 13종에 달한다.

　　맛으로는 참조기가 제일 좋다고 알려져 있다. 참조기는 우리나라 근해에서 가장 많이 나는데 제주도 남서쪽을 거쳐 산란기인 5월에 전남 영광 근해와 연평도 등 서해안 일대에서 산란을 하고 점차 북상했다가 다시 내려와 제주와 상해의 중간쯤에서 월동한다.

　　조기는 관혼상제에 빠지지 않는 품목이며 담백한 맛이 우리나라 사람들의 기호에 맞아 소비가 많은 어종이다. 조기젓을 담그거나 국을 끓이고 구워먹어도 좋지만 무엇보다도 조기를 건조한 굴비(屈非, 仇非)의 맛이 일품이다. 굴비는 영광에서 만든 것이 가장 맛있고, 굴비를 말리는 영광의 원두막도 명물이다.

　　전통 영광굴비는 원두막에서 말렸다. 원두막은 지붕을 뾰족하게 올려 윗부분을 잘라 통기구멍을 낸다. 경사진 지붕의 안쪽에 조기를 촘촘히 매달고, 바닥에는 숯불을 피워 놓고 바닷바람에 서서히 말린다. 햇볕은 쪼이지 않는다. 3월경에 산란 전의 조기를 잡아서 말린 것은 알이 꽉 차 있다. 그리고 예전에는 말린 것은 통보리 속에 넣어 저장했다. 살을 그대로 찢어 먹어도 구운 맛 이상을 낸다.

[그림 3-2] 굴비 덕장

2) 조기 및 굴비의 성분

조기와 굴비의 성분[표 3-2]은 단백질이 주성분으로 조기는 15.8%, 굴비는 44.4%로 어육단백질 표준량(20±2%)을 상회한다. 지질을 구성하고 있는 지방산은 팔미트산과 올레인산이 절반 이상을 차지하는 주성분이며, 필수지방산인 리놀레산, 리놀레닌산 및 아라키돈산(arachidonic acid)의 함량이 각각 2.0%, 0.4%, 2.5%가 들어 있다. n-3계의 고도불포화지방산인 EPA, DHA 등과 같은 기능성 지방산도 다소 있어 생조기의 지질은 식품영양학적으로 의의가 있다고 할 수 있다.

[표 3-2] 조기 및 굴비의 일반 성분

(가식부 100g 기준)

성분\식품	에너지(kcal)	수분(g)	단백질(g)	지질(g)	회분(g)	탄수화물(g)	무기질(mg)			비타민(mg)			
							칼슘	인	철	A(RE)	B₁	B₂	나이아신
조기	169	70.2	15.8	9.5	1.4	3.1	175	233	0.5	177	0.14	0.10	0.6
굴비	332	32.6	44.4	15.2	7.4	0.4	68	560	14.4	미량	0.19	0.18	13.2

*식품성분표 제8개정판, 농촌진흥청

참조기의 유리아미노산 조성을 보면 좋은 맛을 내는 글루탐산이 28.2%로 가장 많고, 그 외 단맛을 내는 라이신이 13.7%, 알라닌이 22.4%, 그리고 쓴맛을 내는 류신이 7.5%로 전체의 71.7%를 차지한다. 핵산 관련 물질의 조성은 이노신(inosine)과 이노신산(inosinic acid, 5′-IMP)이 대부분을 차지하며 이들과 총 크레아티닌(creatinine), 베타인(betaine) 및 트리메틸아민옥사이드(trimethylamine oxide)가 서로 어울려 참조기 특유의 담백한 맛을 낸다.

굴비는 내장도 제거하지 않고 원형 그대로 염장하여 말리기 때문에 가공공정 중에 자가소화효소나 내염성 세균이 생산하는 효소 등에 의해 육단백질이 분해된다. 이로 인해 영양 손실은 다소 진행되나 유리아미노산 함량은 증가하여 생조기와는 다른 독특한 맛을 내게 된다. 아미노산은 참조기와 같이 글루탐산, 라이신, 알라닌 등이 대부분이며 이들이 굴비의 풍미에 중요한 구실을 한다.

굴비의 일반 성분은 수분 32.6%, 지질 15.2%. 탄수화물 0.4%, 단백질 44.4%, 회분 7.4%이다. 지방산의 조성은 참조기에 비하여 포화지방산이 약 2% 증가하고, 불포화지방산의 경우 약 7% 감소를 한다. 하지만 필수지방산의 경우

원료인 참조기의 조성과 유사하다. 이것은 굴비 제조 시 건조공정으로 인해 육단백질의 분해가 일어나고 비타민군은 다소 파괴되며 지질은 산화되었으리라 짐작되나, 과도한 분해와 산패가 되지 않은 이상 건조 시 수분이 감소됨에 따라 상대적으로 영양성분은 농축되어 맛이나 조직감은 좋아지고 영양적으로는 큰 문제가 되지 않는다.

이처럼 맛을 내는 성분들이 증가하고 건조되면서 수분이 탈수됨에 따라 상대적으로 맛 성분이 농축되는 동시에 육조직이 수축하여 입속에서 씹을 때의 식감이 좋아져서 더욱 맛이 좋게 된다. 지방질도 입속에서 침과 혼합되어 유탁액이 되어 육조직과 함께 맛에 중요한 구실을 하는 것으로 본다. 또한 굴비는 소금에 절인 후 말렸기 때문에 짠맛이 강하고 이 짠맛과 유리아미노산이나 베타인이 어울려 내는 감칠맛이 식욕을 돋운다.

3) 굴비 만드는 방법

우리나라에서 참조기의 가공품으로 가장 대표적인 것은 굴비이다. 굴비는 우리나라의 전통적인 수산가공품일 뿐만 아니라 특산품이며 독특한 풍미가 있는 고급 식품이다.

원료 참조기를 아무 전처리 없이 생어체 그대로 원료량에 대하여 17~25% 정도의 소금을 뿌린다. 이것을 나무통이나 콘크리트 탱크에 4~7일간 염장한다. 염장한 조기는 한 줄에 열 마리씩 새끼줄에 꿰어서 매달아 말린다. 이때 아가미는 머리와 내장부분의 건조를 위해 벌려놓는다.

조기가 반 정도 건조되었을 때 보리항아리에 묻어두어 여분의 수분이 천천히 확산, 제거되도록 한다. 굴비 특유의 향미와 조직감은 이같이 천천히 건조되는 과정에서 형성된다.

영광굴비는 칠산 앞바다 법성포에서 만드는 것으로 과거에는 칠산 앞바다에서 잡은 알이 꽉 찬 조기로 만들었다.

그러나 요즘 조기가 올라오기 전에 다른 지역에서 잡아버리기 때문에 조기의 양이 부족해 각처에서 참조기를 사들여와 법성포에서는 건조만 하고 있다. 그렇지만 과다한 염분을 삭여낸 3년 이상 된 소금을 사용하는 등 영광굴비의 맛을 지키기 위하여 애쓰고 있다.

[그림 3-3] 굴비 전처리

3. 마른 멸치

1) 식문화사적 배경

멸치는 청어목 멸치과에 속하는 어류로 몸체가 길고 원통모양으로 등이 암청색이며, 배는 은백색, 옆구리는 은백색의 세로줄이 있으며 세계적으로 11종이 있다.

조선시대 초기『세종실록(世宗實錄)』의 토산물조(土産物條)에는 멸치가 보이지 않고, 조선 중기 중종 때의『신증동국여지승람(新增東國輿地勝覽)』에는 제주산물로서 행어(行魚)가 보이는데, 이것을 멸치라고 본다. 이렇게 멸치의 어획이 조선 말기에 크게 늘어난 것은 전기(前期)의 어업(漁業)과 크게 다른 점이다. 조선시대 후기에 가장 많이 잡힌 생선은 명태, 조기, 청어, 멸치, 새우 등이다.

멸치(anchory)는 대표적인 적색육어류(赤色肉魚類)의 하나로서 우리나라 전 연안, 특히 통영, 추자도 연안에 많이 서식하고, 서해에는 평안북도까지, 동해에는 강원도 홍천까지 서식한다.

우리나라에서 생산되는 멸치는 여러 가지 이름이 있다. 생산지에 따라서, 행어(제주도), 멸(전남), 멸치(전남북, 경남), 멸오치(남해안), 열치(황해도, 평북), 잔사라(새끼

멸치), 순봉이(큰멸치) 등이 있으며, 크기에 따라서 대멸(77㎜ 이상), 중멸(76~46㎜), 소멸(45~31㎜), 자멸(30~16㎜) 및 세멸(15㎜ 이하)로 구분하여 유통된다.

멸치는 비늘모양의 연륜으로 보아 수명이 3년 이내이며, 지역에 따라 수명의 차이는 있는 것으로 알려져 있는데 한국산은 1년으로 추정되고 있다.

멸치는 멸치회 등 생선으로 이용되기도 하지만 극히 적은 양이고 대부분이 마른 멸치와 젓갈로 이용되는데, 그중에서도 마른 멸치로 이용되는 비율이 높다.

멸치는 경상남도 기장과 대변 해역에서 봄에 잡히는 것을 봄멸치, 통영지방에서 여름 이후에 잡히는 것을 가을멸치라고 한다. 봄멸치는 횟감용과 젓갈로 주로 이용되며 가을멸치는 마른 멸치용으로 쓰인다. 마른 멸치는 옛날부터 통영멸치가 알려져 있다.

우리나라에서 마른 멸치는 특히 시원한 국물을 우려내는데 사용되는 대표적인 천연조미료 재료라 할 수 있다. 여기에는 유리아미노산, 저분자 펩티드, 핵산관련물질, 트리메틸아민옥사이드, 총크레아티닌, 저분자 당류 등의 물질들이 함유되어 특유의 감칠맛을 낸다.

[그림 3-4] 멸치 건조

2) 마른 멸치의 일반 성분

마른 멸치[표 3-3]의 주성분은 전체 영양성분의 40% 이상인 단백질이며 단백질 평가의 기준이 되는 필수아미노산이 골고루 함유되어 있다. 대멸치의 경우 [표 3-4]와 같이 필수아미노산이 골고루 들어있을 뿐만 아니라 양도 충분하다.

[표 3-3] 멸치 및 마른 멸치의 일반 성분

(가식부 100g 기준)

식품	성분	에너지 (kcal)	수분 (g)	단백질 (g)	지질 (g)	회분 (g)	탄수화물 (g)	무기질(mg) 칼슘	인	철	비타민(mg) A(RE)	B$_1$	B$_2$	나이아신
생	멸치	127	73.4	17.7	5.4	3.2	0.3	496	202	3.6	38	0.04	0.26	8.8
마른	대멸치	303	26.2	47.4	9.8	14.1	2.5	1905	1429	16.2	미량	0.12	0.11	13.3
	중멸치	232	35.0	38.9	5.1	16.2	4.8	1290	1461	15.9	미량	0.11	0.10	11.6
	잔멸치	239	36.8	42.4	6.0	13.9	0.9	902	977	5.5	미량	0.07	0.08	5.4

*식품성분표 제8개정판, 농촌진흥청

[표 3-4] 마른 멸치(대멸치) 필수아미노산

(mg/가식부 100g)

라이신	류신	이소루신	발린	페닐알라닌	트레오닌	메티오닌	히스티딘
3,880	3,568	2,167	2,419	1,929	1,991	1,458	1,134

지질 함량은 수확시기, 어장, 멸치의 크기에 따라 1~15%까지 변하므로 차이가 크다. 어체가 클수록 지질 함량이 많으며, 총지질 함량의 50~60%는 피하지방층과 소화기관 주변에 축적되고, 혈합육 중의 지질 함량도 보통육보다 많다. 혈합육은 강한 효소 작용으로 부패가 빠르게 일어나며, 이로 인해 가공품 제조 시 문제가 된다. 그러나 혈합육의 혈색소 성분에는 철분이 많이 함유되어 있다.

필수지방산으로는 리놀레산, 리놀레닌산, 아라키돈산이 골고루 들어 있으며 포화지방산인 팔미트산이 전체의 20.7%, 불포화지방산으로서 올레인산이 15.5%, 고도불포화지방산으로 EPA가 9.2%, DHA가 14.1%를 각각 차지한다. 고도불포화지방산은 동맥경화방지를 위해 좋은 성분이기는 하나, 지방산의 가공 및 저장의 관점에서는 산화되기 쉬운 지방산이어서 마른 멸치의 산화변색이나 지질 산패취의 원인이 되기도 한다.

또한 마른 멸치는 칼슘과 인이 많이 함유되어 있으며 생멸치에 비해 비타민 A 함량은 감소하였으나 나이아신은 오히려 증가하였다.

이외에도 시원한 감칠맛을 내는 정미성 물질(呈味性物質)인 이노신산 함량이 극히 높다. 멸치에 이노신산의 함량이 많은 것은 마른 멸치를 가공할 때 삶는 공정에서 멸치 생체 중의 ATP가 분해되어 이노신산으로 축적되며, 효소의 불활성화로 더 이상의 분해가 진행되지 않고 축적되기 때문이다.

멸치의 떫은맛과 쓴맛에 관여하는 성분은 크레아틴이며 비린내의 주성분은 트리메틸아민옥사이드(trimethylamine oxide)의 환원에 의해 생성되는 트리메틸아민(trimethylamine)이다.

멸치는 저장초기에는 메일라드 반응에 의한 비효소적 갈변반응으로 갈변하며 저장기간이 경과함에 따라 지방산의 산화에 의한 변색과 산패취를 발생시키므로 저장에 주의를 요한다.

마른 멸치는 크기가 클수록 저장성이 좋지 못하며 저장온도와 습도가 낮을수록 저장성이 좋다. 상온에서는 5개월, 10℃에서는 8개월, 5℃에서는 10개월, −3℃에서는 12개월 정도 저장할 수 있다. 수분 함량은 20% 정도로 유지되는 것이 좋으며 종이봉지보다 PE 포장한 것이 품질 유지와 저장성이 좋다.

3) 마른 멸치의 제조

선도가 좋은 멸치를 수세한 다음 끓는 소금물(5~6%)에 넣고, 물이 다시 끓기 시작하여 멸치가 떠오를 때까지 삶는다. 멸치가 떠오르면 표면에 뜬 기름기를 제거하고 멸치를 건져서 햇볕에 자연 건조한다.

품질이 좋은 멸치를 얻기 위하여 어획직후 자숙선(煮熟船) 위에서 바로 자숙처리를 하기도 한다. 원료멸치를 채발에 펴놓은 다음 여러 개의 채발을 쌓아 끓는 식염수에 넣어 어체가 떠오를 때까지 삶는다. 끝나면 채발을 끄집어내어 건조장에 옮겨 채발 그대로 건조한다. 건조 중 가끔씩 빈 채발을 덮어 뒤집어 주면서 2~3일 건조한다. 자연건조 대신 열풍건조법을 사용하는 곳도 있으나 최근에는 품질향상을 위하여 냉풍건조기를 이용하여 건조하는 곳이 많아지고 있다.

사용하는 물은 민물이 좋은데 센물을 사용하면 어체 표면에 불용성 칼슘비누가 생겨 제품의 외관이 안 좋게 된다. 물에 식염을 첨가하는 것은 제품의 윤기를 좋게 하기 위함이다.

4) 마른 멸치의 식품학적 의의

멸치는 필수아미노산이 골고루 함유되어 있고 양도 충분하다. 따라서 쌀을 주식으로 하는 우리나라 사람들에게 쌀의 제한 아미노산인 라이신을 공급할 뿐만 아니라 그 외 필수아미노산을 공급하는 등 영양면에서 의의가 있다. 또한 유황을 함유하고 있는 유리아미노산인 타우린도 많이 들어있어 콜레스테롤을 낮추는 작용 외에 혈압을 정상적으로 유지하고 심장을 튼튼하게 하는 작용을 한다.

지방산으로 필수지방산이 골고루 들어있어 우수한 지질급원 식품이다. EPA나 DHA와 같은 고도불포화지방산이 함유되어 있으며 어체의 크기가 작을수록 고도불포화지방산의 함량이 많아지는 경향을 나타낸다. 이런 고도불포화지방산은 저장 중 산화되기 쉬워 변색과 불쾌한 산패취의 원인이 되기도 하지만 동맥경화를 예방하는 등 건강에 도움을 준다.

소형 마른 멸치는 뼈째로 먹을 수 있으므로 인체의 골격과 치아형성에 필요하며 세포조직을 구성하는 데 중요한 역할을 하는 칼슘, 인, 철 등의 함량이 풍부하여 무기질의 좋은 급원이다. 비타민 A, 비타민 D, 비타민 E 뿐만 아니라 나이아신 함량도 많아서 항암작용에도 효과가 있다.

마른 멸치를 삶아 우려낸 국물의 감칠맛은 이노신산(IMP), 유리아미노산, 크레아티닌 등 여러 물질들에 의한 것이다. 이 중 이노신산은 멸치의 대표적인 감칠맛 물질로 핵산계 조미료의 주성분이다. 멸치 어체의 크기에 따라 함량 차이가 있지만 많은 양이 함유되어 있다. 이노신산은 감칠맛을 내는 유리아미노산과 공존할 경우, 맛의 상승작용으로 더 강한 감칠맛을 낸다.

4. 마른 오징어

1) 식문화사적 배경

오징어는 연체동물로 『본초강목(本草綱目)』에서는 오징어를 오즉, 묵어, 남어로 뼈는 해표초라 불렀다. 열 개의 다리가 붙은 곳에 머리가 숨겨져 있어 두족류라 하며, 먹물을 가지고 있어 '묵어', 까마귀의 적이라는 뜻에서 '오적어'로 부르기도 한다. 오적어라고 불리는 유래에 대해서는 여러 가지 설이 있다. 『규합총서』에 의하면 물위에 떠 있다가 까마귀를 보면 죽기 때문이라고 한다. 또 다른설은 바다 위에 둥둥 떠 있다가 까마귀가 날다가 쉬려고 앉으면 잡아먹는다고해서 '까마귀 잡아먹는 도적'이란 뜻이라고도 한다.

[그림 3-5] 오징어 건조

오징어는 7~11월까지 많이 잡히며, 가장 맛이 있는 시기는 가을이다. 오징어의 독특한 맛을 내는 중요한 주성분은 산화메틸아민과 베타인, 타우린 등이다. 마른 오징어의 경우 건조과정 중에 탈수됨에 따라 맛 성분이 상대적으로 알맞게 농축되고, 아울러 근육섬유가 수축됨으로써 입 안에서 씹힐 때 독특한 식감을 느끼게 하여 맛을 더욱 좋게 한다. 울릉도와 속초 근처에서 많이 잡히며, 울릉도 오징어가 좋다는 것은 빛깔이 노랗고 살이 두터워 맛이 좋기 때문이다. 한반도 근해에는 60여 종의 오징어가 살고 있는 것으로 알려져 있다.

건조 상태에 따라 산 오징어, 물 오징어, 냉동 오징어, 바싹 마른 오징어, 반건조 오징어 등으로 나뉜다. 오징어는 찌개나 구이, 조림 등 반찬으로 이용되고, 살아있거나 싱싱한 것은 회를 하거나 데쳐서 숙회를 한다. 마른 오징어는 구워서 술안주나 간식거리로 먹는다.

날 것을 고를 때는 탄력이 없거나 몸이 흰색으로 퍼져 있는 것은 오래된 것이
므로 피하고, 투명하고 윤기 나며 약간 검은색을 띠어야 신선하다. 마른 오징어
는 꼬리꼬리한 냄새가 나지 않고 되도록 살이 두껍고 노란색을 띠면서 흰 가루
가 전체적으로 고루 덮인 것이 좋다.

2) 마른 오징어의 일반 성분

마른오징어는 성분 중 단백질이 68%를 차지하는 고단백 식품으로 영양가가
높고 익히면 소화도 잘 된다. 지질의 양은 7% 전후이나 대부분 표피에 들어 있
다. 비타민과 무기질 함량도 많은데 칼슘은 우유(91mg)의 2.5배 이상이고 구리도
많이 들어 있다[표 3-5].

[표 3-5] 오징어의 일반 성분

(가식부 100g 기준)

성분\식품	에너지 (kcal)	수분 (g)	단백질 (g)	지질 (g)	탄수화물 (g)	회분 (g)	무기질(mg)				비타민(mg)			
							칼슘	인	철	칼륨	A(RE)	B₁	B₂	나이아신
생 오징어	95	77.5	19.5	1.3	0	1.7	25	273	0.5	260	2	0.05	0.08	2.5
마른 오징어	352	19.5	67.8	6.9	0.2	5.6	252	821	2.8	75	–	0.13	0.2	8.2

*식품성분표 제8개정판, 농촌진흥청

오징어 특유의 맛은 타우린, 펜탄 등의 성분 때문이다. 타우린은 피로 회복이
나 스태미나 증강에 좋다고 하여 약품으로 사용하기도 한다. 마른 오징어의 표
면에 있는 하얀 분말은 주로 타우린 성분인데 마른 오징어를 구울 때 타우린과
질소화합물이 타면서 특유의 냄새가 난다. 생선의 피는 보통 빨간색인데 오징어
의 피는 헤모시아닌으로 이루어져 있어 청색을 나타내므로 혈청소라고 한다.

3) 마른 오징어의 제조

원료 오징어의 배에 칼끝을 넣어 중앙선을 따라 귀의 끝까지 직선으로 배를 갈
라서 내장을 제거한다. 다음 두부의 중앙을 절개하고 양쪽 눈 사이를 끊어 넓혀
눈알과 부리를 제거한다. 오징어는 다른 생선에 비해 버리는 부분이 적다. 처리

를 마친 오징어는 맑은 해수나 2~3%의 식염수로 잘 씻은 후 담수로 헹궈서 염분을 씻어낸다. 염분을 씻어내지 않으면 건조속도가 늦어질 뿐더러, 건조 후 저장 중에 흡습하여 품질이 떨어진다.

옛날에는 오징어를 말릴 때 몸통을 가르고 내장을 빼고 펴서 다리에 가는 싸리를 가로지르고 지느러미를 뚫어서 대나무나 싸리에 쭉 꿰어서 햇빛에 널어 말렸다. 요즘은 화력을 이용하는 건조법을 이용하기도 한다.

4) 마른 오징어의 식품학적 의의

마른 오징어에 함유된 타우린의 양은 생오징어보다 97~333배 더 많으며, 피로회복이나 스태미너 증강에 효과가 뛰어나다. 따라서 여러 가지 기능성 식품의 소재로 이용이 가능하다.

마른 오징어의 껍질은 콜라겐 함량이 11%에 이른다. 마른 오징어의 독특한 맛에 중요한 구실을 하는 주성분은 트리메틸아민옥사이드, 베타인, 타우린 등이다. 마른 오징어의 경우 건조과정 중 이들 성분은 농축되고 3-메틸-티오펜(3-methyl-thiophene), 2-메틸-2-헥사네티올(2-methyl-2-hexanethiol)의 함황화합물과 피라진류가 생성되어 독특한 향미를 자아낸다. 또한 근육 섬유의 수축으로 입안에서 씹을 때 생오징어에서 볼 수 없는 독특한 식감을 느끼게 한다.

대부분의 마른 오징어는 자연건조방법으로 제조, 유통되고 있어 계절에 따라 선도 저하, 부패취 발생, 영양성분의 파괴 등이 발생한다. 최근에는 온풍건조 또는 냉풍건조 공정 등, 위생과 안전, 건조시간 단축 및 품질의 균일화를 위한 다양한 공정이 연구되고 있다.

제2절 어패류 이용 발효식품

우리나라의 전통 해산물 가공식품 중 대표적인 것이 젓갈이다. 어패류는 변질이 잘 되므로 건조하거나 염장처리 하는 등의 방법으로 저장성을 높인다. 그중 젓갈은 어패류 이용 시의 제약을 지혜롭게 해결한 식품이라고 할 수 있다.

즉 한정된 시기와 장소에서 일시에 대량 어획된 어패류를 간편한 방법으로 처리함으로써 변질을 막는 동시에 저장성과 독특한 풍미를 가진 특유한 형태의 식품으로 제조한 것이다.

식품공전상 젓갈은 "어류, 갑각류, 연체동물류, 극피동물류 등의 전체 또는 일부분을 주원료로 하여 이에 식염을 가하여 발효 숙성한 것, 또는 분리한 여액에 다른 식품 또는 식품첨가물을 가하여 가공한 것"이라고 정의하고 있다.

유형별로는 주원료 60% 이상을 사용하여 식염을 가해 발효 숙성한 것을 '젓갈'이라 하며 젓갈에 고춧가루, 조미료 등 양념을 첨가한 것을 '양념젓갈', 젓갈을 여과 분리한 액을 '액젓', 액젓을 희석하여 염수나 조미료를 첨가한 것을 '조미액젓', 젓갈을 달인 후 분리한 액을 '어간장'으로 분류한다. 또 어류에 곡류를 가해 숙성시킨 것을 '식해'라 한다.

발효기간에 따라 젓갈의 형태가 어체 그대로 혹은 젓국의 형태로 생산되는데, 발효된 어체는 그대로 조미되어 반찬으로 쓰이며, 젓국은 김치의 재료로 쓰인다. 또한 발효기술에 따라 젓갈은 장류 발효와, 식해는 김치발효와 그 맥을 같이하고 있다.

1. 젓갈

젓갈은 우리나라 전통 수산가공식품으로 아미노산이나 무기성분이 풍부하고 조직감이 독특하며 소화흡수가 양호한 식품이다.

1) 식문화사적 배경

젓갈류는 주로 동양권에서 오래전부터 식용된 것으로 추정된다. 문헌상 기록은 중국에서 기원전 3~5세기의 『이아(爾雅)』라는 고사전에 생선으로 만든 젓갈이라는 뜻의 '지(鮨 젓갈 지)'자가 출현하여 가장 오래된 기록으로 알려져 있다. 지(鮨), 해(醢), 자(鮓)는 젓갈의 의미로 해석되는 문자이다. 우리나라에서는 『삼국사기(三國史記)』 중에 신문왕이 부인을 맞이하는 절차에 해(醢)가 폐백으로 사용되었다는 설명이 있다.

조선시대 유희춘(1513~1577년)의 기록 『미암일기(眉巖日記)』에는 젓갈류의 이름

이 많이 나오는데, 기록 속의 해(醢)의 종류는 24종으로 이 중 게젓이 가장 자주 나오고, 그 다음이 백하(쌀새우)젓, 가리마(양볼락과 물고기)젓, 전복식해의 순이다.

오희문(1539~1613년)의 『쇄미록(鎖尾錄)』에는 해(醢)류에 관한 명칭이 총 33종이 나오는데 거기에도 게장이 가장 많이 나온다. 따라서 게장은 오늘날뿐만 아니라 옛날에도 좋아하는 젓갈이었음을 짐작할 수 있다.

『음식디미방』에는 청어젓, 참새젓, 연어젓의 제법이 있으며 『증보산림경제』에도 젓갈 담그는 기술이 설명되어 있다. 1200년대부터 1984년까지 문헌에 기록된 젓갈의 종류는 모두 147가지로 그중 젓이 100가지, 식해 40가지, 어육장 7가지로 우리나라 사람들이 다양한 종류의 젓갈을 즐겼다는 것을 알 수 있다.

젓갈문화의 발달은 삼면이 바다일 뿐만 아니라 서해안은 갯벌, 동해안은 난류와 한류의 교차지역으로 어자원이 풍부한 지리적 여건 때문이다.

2) 젓갈의 제조원리

젓갈은 어패류의 근육, 내장 또는 생식소 등에 비교적 다량의 식염(원료의 20~35%)을 가하여 부패를 막으면서 효소의 작용으로 원료를 분해하여 알맞게 숙성시킨 우리나라의 전통적인 수산발효식품이다.

젓갈은 조직 자체가 가지고 있는 자가소화효소와 내장이 가지고 있는 효소 및 미생물효소의 작용에 의하여 발효가 진행된다. 그중 가장 관계가 깊은 효소는 근육 또는 내장의 주성분인 단백질을 분해하는 효소이다.

그 외 각종 효소가 원료 중에 포함되어 있어 각 효소의 특성에 따라 단백질 및 핵산이 가수분해되어 육질이 변하며 감칠맛이 생기고 또 유기산, 알코올, 에스테르 등이 생산되어 독특한 풍미가 생성된다.

식염에 의해 부패를 막고 저장성을 가지게 하는 점은 일반 염장품과 같으나, 일반 염장품은 염장 중 될 수 있는 대로 육질의 분해를 억제해야 좋은 제품을 얻을 수 있는데 비해, 젓갈은 원료를 적당히 분해시켜 독특한 풍미를 가지게 하는 점이 다르다.

젓갈은 높은 소금 농도 때문에 숙성 중 내염성 균 외에는 생육이 저해되고 또 자가소화도 더디게 진행되므로 숙성에 2~3개월(상온) 정도가 소요된다. 젓갈의 숙성에는 온도가 중요하다.

고온에서는 숙성기일이 단축될 수 있으나 여러 미생물이 개입해서 품질에 영향을 미칠 수 있다. 가장 적당한 온도는 13~15℃이며 대량 생산하는 멸치젓, 새우젓 등은 주로 온도가 일정하게 유지되는 동굴(연중 15℃ 미만)에서 숙성시킨다[그림 3-6].

[그림 3-6] 동굴 숙성 젓갈

3) 젓갈의 종류

젓갈의 제조는 역사가 오래고, 원료의 종류나 제조방법 등이 지역적으로 특색 있는 것이 많아 제품의 종류도 아주 다양하다.

현재 국내에서 제조되는 젓갈류는 침장원(沈藏源, 소금 혹은 간장), 원료 및 이용부위, 제조방법 등에 따라 약 160여종이 알려져 있지만, 실제 산업화가 이루어진 것은 30여종이며 대부분 지역특산물로서 가내수공업 수준으로 제조되고 있다.

젓갈의 분류

① 젓갈(육젓)
- 소금만 첨가한 것: 멸치젓, 새우젓, 조개젓, 갈치속젓 등
- 양념류 첨가한 것: 명란젓, 창란젓, 오징어젓, 어리굴젓 등
- 소금대신 간장 사용: 간장게젓

② 식해
- 곡류, 엿기름, 소금, 고춧가루 등을 혼합하여 숙성
- 가자미식해, 명태식해 등

③ 액젓
- 소금만 첨가, 장기간 숙성시켜(6~24개월) 육질을 완전히 가수분해한 후 여과한 것
- 멸치액젓, 까나리액젓 등

④ 어간장
- 액젓과 같이 장기간 숙성시켜 육질이 분해된 젓갈을 가열한 다음
  여과, 침전시킨 맑은 상등액으로 간장대신 사용

어류를 원료로 한 젓으로는 가자미젓, 고등어젓, 갈치젓, 까나리젓, 꽁치젓, 능성어젓, 대구젓, 도루묵젓, 도미젓, 동태젓, 매가리젓, 멸치젓, 민어젓, 뱅어젓, 밴댕이젓, 뱀장어젓, 병어젓, 볼낙젓, 조기젓, 웅어젓, 자리젓, 전어젓, 정어리젓, 준치젓, 황새기젓(황강달이젓) 등이 있다.

갑각류를 원료로 한 젓으로는 갯가재젓, 게젓, 곤쟁이젓, 꽃게젓, 대하젓, 방게젓, 새우젓, 참게젓, 털게젓, 토하젓 등이 있고, 연체류를 원료로 한 젓으로는 꼴뚜기젓, 굴젓, 낙지젓, 대합젓, 동죽젓, 맛젓, 모시조개젓, 바지락젓, 백합젓, 피조개젓, 소라젓, 오분자기젓, 오징어젓, 어리굴젓, 한치젓 등이 있다.

어패류의 내장, 아가미 등을 원료로 한 젓으로는 갈치속젓, 고등어내장젓, 대구아가미젓, 민어아가미젓, 명태아가미젓, 전복내장젓, 전어밤젓, 조기속젓, 조기아가미젓, 창란젓, 해삼창자젓 등이 있다.

또 어패류의 생식소를 원료로 한 젓으로는 게알젓, 고등어알젓, 대구알젓, 명란젓, 새우알젓, 숭어알젓, 조기알젓 등이 있다.

(1) 멸치젓

멸치젓은 전체 젓갈류 생산량의 약 30%를 차지하며 새우젓과 더불어 우리나라 2대 젓갈의 하나로 꼽힌다.

특히 남해안지방에서 많이 담그며 맛도 좋다. 봄에 담는 것을 춘젓, 가을에 담는 것을 추젓이라고 하는데, 춘젓이 좀 더 맛이 있다. 또 같은 춘젓이라고 하여도 이른 봄의 초물은 아직 살이 오르지 않아 진한 맛이 적

[그림 3-7] 멸치젓

고, 담아서 오래 두면 살이 풀어지기 쉽다. 반대로 끝 무렵에 잡히는 파물은 기름기가 너무 많아 끈적거리고 멸치비린내가 가시지 않는다. 따라서 중물을 취하는 것이 좋다. 멸치의 크기는 일반적으로 대형보다는 중형이 선호되고 있다.

① 멸치젓의 제조 방법

멸치젓은 선도가 좋은 어획멸치와 소금으로만 제조되며 일반적인 제조법은 [그림 3-8]과 같다.

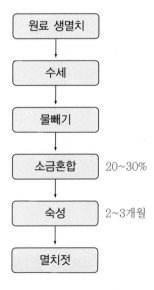

[그림 3-8] 멸치젓의 제조 과정

원료멸치를 물로 씻고 물기를 뺀 후, 용기에 소금과 멸치를 번갈아 넣고 맨 위는 멸치가 보이지 않을 만큼 소금을 많이 뿌린다. 무거운 것으로 눌러두고 비닐 등으로 덮어 가급적 공기가 통하지 않게 한 후 다시 뚜껑을 덮는다.

소금은 양질의 재제염을 사용해야 하는데, 소금양은 원료중량에 대해 20~30% 정도이다. 그러나 멸치의 선도가 나쁘거나 지질 함량이 많은 멸치는 소금양을 늘린다. 또 기온에 따라서도 차이가 있는데 기온이 높을수록 소금 사용량을 높이고, 저온숙성 시에는 낮게 조절한다. 소금양을 20% 이하로 하면 발효온도를 15℃ 이하로 낮추더라도 정상적인 발효가 진행되지 않고 변패될 우려가 있다. 따라서 20~25%가 우리나라의 기후조건에 적당한 것으로 알려져 있다.

소금에 담근 후 2~3일이 지나면 멸치액이 침출되어 어체가 포화식염수에 잠기게 된다. 이때 단시간에 고농도의 염이 침투되므로 초기에 부패와 변질이 억제되고 근육이 경화되어 외관이 유지된다.

숙성기간은 소금양과 숙성온도 등에 따라 다른데, 보통 2~3개월이 소요된다. 액젓으로 이용하고자 할 때는 6개월 이상 숙성시켜서 육질을 완전히 분해해야 한다. 숙성정도를 판정하는 기준은 비린내인데 비린내가 많이 남아 있으면 아직 숙성이 불충분한 것이다. 비린내의 소멸시점은 20% 정도의 염도로 15~20℃에서 2~3개월이 소요되고 염도 20% 이상에서는 3개월 이상이 소요된다.

기름이 끼면 걷어내는 것이 좋은데 이는 기름이 산화되면 쓴맛, 떫은맛의 원인이 되고, 뒷맛을 나쁘게 하기 때문이다. 쓴맛, 떫은맛 또는 냄새가 심할 때에는 구연산이나 주석산을 조금 첨가하면 좋아진다.

② 멸치젓의 성분

멸치젓은 수분이 54%, 단백질 14%, 지질 11%, 탄수화물 0.6%, 회분 20%로 구성되어 있으며 주성분은 단백질이다. 그 외 칼슘, 인, 철 등의 무기질과 비타민 A가 많아 그 영양효과를 기대할 수 있다[표 3-6].

[표 3-6] 멸치젓의 일반 성분

(가식부 100g 기준)

성분\식품	에너지 (kcal)	수분 (g)	단백질 (g)	지질 (g)	회분 (g)	탄수화물 (g)	무기질(mg)			비타민(mg)				식염 (g)
							칼슘	인	철	A(RE)	B₁	B₂	나이아신	
멸치	127	73.4	17.7	5.4	3.2	0.3	496	202	3.6	38	0.04	0.26	8.8	-
멸치젓	167	54.4	14.1	11.2	19.7	0.6	592	348	5.5	60	0.02	0.23	6.3	30

*식품성분표 제8개정판, 농촌진흥청

핵산관련물질 중 생멸치에는 이노신산, 젓갈에서는 하이포잔틴(hypoxanthine)이 많다. 젓갈의 풍미 및 영양가와 관계가 깊은 유리아미노산[표 3-7]은 발효 중 함량이 증가하는데 류신, 이소류신(isoleucine), 페닐알라닌, 라이신, 티로신, 알라닌, 히스티딘, 발린, 메티오닌 등 이다. 젓갈의 좋은 맛은 각종 유리아미노산과 핵산 관련물질들에 의한 맛이다.

[표 3-7] 멸치와 멸치젓의 유리아미노산 조성

아미노산	함량 (mg %)	
	원료멸치	멸치젓(60일 숙성)
라이신(lysine)	22.9	787.1(10.2)
히스티딘(histidine)	183.7	394.8(5.1)
아르기닌(arginine)	21.2	87.2(1.1)
타우린(taurine)	21.8	–
아스파르트산(aspartic acid)	92.6	–
트레오닌(threonine)	187.7	21.7(0.3)
세린(serine)	214.7	25.2(0.3)
글루탐산(glutamic acid)	393.6	62.0(0.8)
프롤린(proline)	220.4	74.0(1.0)
글라이신(glycine)	149.7	189.1(2.4)
알라닌(alanine)	611.7	416.2(5.4)
시스틴(cystine)	–	49.1(0.6)
발린(valine)	178.1	393.9(4.4)
메티오닌(methionine)	120.4	336.9(4.4)
이소루신(isoleucine)	185.2	1,801.3(14.0)
류신(leucine)	442.3	2,197.5(28.5)
티로신(tyrosine)	145.1	696.2(9.0)
페닐알라닌(phenylalanine)	192.4	906.7(11.8)
총계	3,383.5	7,718.9

* ( )는 총 유리아미노산에 대한 백분율

지질이 많은 어종인 멸치는 발효 동안에 지질성분도 산화되기 마련인데 이는 제품의 품질에 영향을 미친다. 지방산화는 숙성 초기에 급격히 진행되고 시간이 경과함에 따라 산패의 진행속도는 점점 저하된다. 멸치젓의 지방산 조성은 각종 내장이나 연체류를 원료로 한 젓갈에 비해 포화지방산은 다소 높은 반면 불포화 지방산은 다소 낮은 것으로 알려져 있다.

③ 멸치젓의 숙성 중 미생물

멸치젓 숙성초기에는 *Pseudomonas*, *Halobacterium*이 우세하며 숙성 2개월 경에는 *Pediococcus*, *Sarcina* 등이 왕성하게 자란다. 2개월 반 경에는 효모의 생육이 왕성하다[그림 3-9].

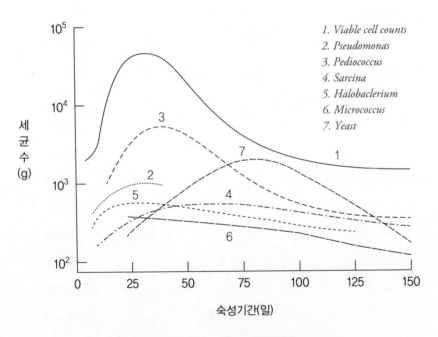

[그림 3-9] 멸치젓 숙성 중 미생물의 분포상

발효 50일 정도가 되면 총 균수는 약 5만/g에 도달하였다가 차츰 감소하여 발효 150일 정도가 되면 약 1,000/g 정도로 급속히 감소한다. 멸치젓이 가장 맛이 좋은 때는 발효 75일 정도가 되는 시기인데, 이때 효모 수는 최고치에 달한다.

(2) 새우젓

새우젓은 주로 서해 연안 및 서남해 연안에서 어획하는 작은 새우류(젓새우)를 원료로 한다. 새우를 어획하여 젓을 담는 시기에 따라 제품의 명칭도 다르고 품질이나 맛도 다르다.

일반적으로 음력 1~2월 겨울철에 담는 것을 동백하젓(동젓)이라고 하며 희고 깨끗하다. 3~4월에 담는 것을 춘젓(봄젓)이라 하며 새우길이는 2~3㎝ 정도이고, 껍질이 두꺼우며 흰색 바탕에 약간 붉은색을 띤다. 5월경에 담는 것을 오젓이라 하며 새우길이는 춘젓과 비슷하나 껍질이 얇고 붉은색을 띤다. 6월경에 담는 것을 육젓이라 하며, 새우길이는 4~5㎝ 정도로 완전히 성장하여 통통하고 육질도 단단하며 흰색을 띤다. 비린내가 적고 맛이 있어 새우젓 중 최고로 꼽힌다.

추젓은 가을에 담는 것으로 육젓보다 크기가 작고 깨끗하다. 또 오젓이나 육젓보다 소금을 적게 쓰는데 선선한 날씨 덕에 부패하지 않기 때문이다. 주로 김장용이나 젓국에 이용된다. 자젓은 크기가 작은 새우를 선별하지 않고 담근 것으로 잡젓이라고도 한다.

담그는 시기에 따라 원료 새우의 품종이 다른 것을 사용한다. 가장 많이 이용되는 오젓과 육젓의 원료는 젓새우와 중국 젓새우를 이용하고 춘젓, 추젓, 자젓의 원료는 돗대기새우라는 작은 새우가 이용된다.

[그림 3-10] 새우젓

① 새우젓의 제조 방법

새우는 다른 어패류보다 부패하기 쉬우므로 젓을 담을 때 주의하여야 한다. 젓갈용 새우는 크기가 4㎝ 이하로 극히 작을 뿐 아니라 육질이 연약하여 조심스럽게 취급하지 않으면 육질의 선도가 쉽게 저하된다.

또 껍질이 단단하여 소금이 육질에 배어드는 것이 느리고 내장에 강력한 소화효소가 있어 변질되기 쉽다. 따라서 어획한 새우는 24시간 이내에 염지를 하여야 한다.

새우젓은 선도가 좋은 원료를 써야 하고, 소금을 쓰는 양이 다른 젓갈보다 많아야 한다. 선도가 좋은 새우는 감미가 있고 비린내가 나지 않는다. 소금양이 부족하고 선도가 좋지 못하면 색깔이 암색화 되고, 단맛이 없으며, 육질이 녹아서 액즙이 혼탁해지고 악취를 풍기게 된다.

만드는 방법은 먼저 원료새우를 선별한 다음 맑은 해수 또는 3~4% 정도의 염수에 잘 씻어 물기를 뺀다. 다음 원료새우와 소금을 일정비율로 고르게 혼합하여 용기에 담는다. 소금양은 일반적으로 여름철에는 35~40%, 가을철에는 30% 정도를 쓰며, 재제염을 쓰는 것이 좋다.

염지한 것은 온도변화가 적은 지하저장고나 저온숙성실 또는 토굴 등에 두어 4~5개월간 숙성시킨다. 숙성온도는 보통 13~20℃ 정도이다. 잘 익어서 품질이 좋은 것은 육질이 토실토실하여, 염미(鹽味)가 알맞고 단맛이 있으며 액즙이 유백색으로 맑고 악취가 없다.

② 새우젓의 성분

새우젓의 유리아미노산은 숙성 동안에 큰 폭으로 증가하는데, 단맛을 가진 라이신, 프롤린, 알라닌, 글라이신, 세린과 좋은 맛을 가진 글루탐산, 쓴맛을 가진 류신 등이 함유되어 있다.

그 외 단맛을 내는 베타인, 트리메틸아민옥사이드(TMAO) 및 핵산관련물질인 하이포잔틴이 중요한 정미성분이며 이들이 식염의 짠맛과 조화되어 새우젓의 풍미를 낸다.

유리아마노산은 숙성기간에 따라 점차 증가하여 완숙기에 원료새우의 2배 이상인 최고치에 달했다가 서서히 감소한다. 베타인도 숙성과 더불어 점차 증가하여 완숙기에 최고에 달했다가 그 후 감소한다.

[표 3-8] 새우젓의 일반 성분

(가식부 100g 기준)

성분\식품	에너지 (kcal)	수분 (g)	단백질 (g)	지질 (g)	회분 (g)	탄수화물 (g)	무기질(mg)				비타민(mg)				식염 (g)
							칼슘	인	철	나트륨	A(RE)	B₁	B₂	나이아신	
새우	323	14.1	44.0	11.9	23.9	6.1	5	3	0.1	-	-	-	-	-	-
동백하젓	51	65.1	8.3	1.0	24.0	1.6	473	710	1.2	9173	31	0.17	0.05	0.4	23
오젓	60	62.8	10.8	0.4	23.5	2.5	390	204	0.5	8634	33	0.13	0.07	0.4	22
육젓	59	63.5	10.8	0.6	23.2	1.9	396	197	0.6	8791	39	0.18	0.09	0.4	22
추젓	48	66.1	8.9	0.5	23.0	1.5	421	190	1.2	8794	30	0.20	0.07	0.4	22

*식품성분표 제8개정판, 농촌진흥청

③ 새우젓 숙성 중 미생물

새우젓 숙성 시 주요 미생물 중 초기에 보이던 해양세균은 숙성 40일 이후부터는 거의 보이지 않는 반면, 호염성 세균인 *Halobacterium*, *Pediococcus* 그리고 효모류인 *Saccharomyces* 및 *Torulopsis*가 우세하였으며, 이 시점에서 젓갈의 향미가 좋았다[그림 3-11].

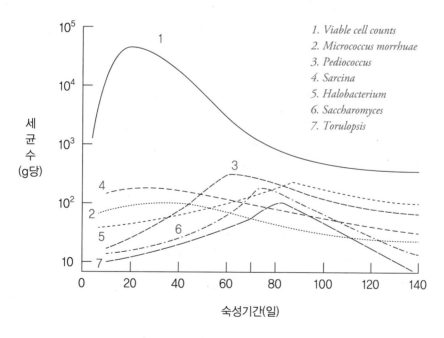

[그림 3-11] 새우젓 숙성 중 미생물상의 분포

(3) 양념젓갈

양념젓갈은 주로 밑반찬으로 이용되고 있다. 그중에서 가장 많이 생산되고 식용되는 것은 명란젓, 창란젓, 오징어젓이며, 그 외 조개젓, 문어젓, 어리굴젓 등이 있다. 멸치젓이나 새우젓은 양념젓갈로 거의 개발되지 않고 있다.

양념젓갈은 일반 젓갈과 달리 여러 가지 양념을 넣어서 만들고 소금 첨가량이 적다. 따라서 유통과정에서 저온을 유지해야 한다. 양념젓갈은 해마다 생산량이나 시장규모가 점차 증가하고 있으며 일본으로의 수출 비율도 증가하고 있다.

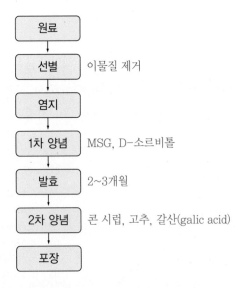

[그림 3-12] **양념젓갈의 제조 과정**

[표 3-9] **양념젓갈의 일반 성분**

(가식부 100g 기준)

식품\성분	에너지(kcal)	수분(g)	단백질(g)	지질(g)	회분(g)	탄수화물(g)	무기질(mg) 칼슘	인	철	나트륨	비타민(mg) A(RE)	B₁	B₂	나이아신	식염(g)
명란젓	126	66.0	20.5	3.0	7.8	2.7	28	249	1.2	3531	66	0.48	0.52	8.9	9
창란젓	118	64.3	12.9	3.2	11.4	8.2	99	109	1.4	-	6	0.13	0.20	3.3	-
오징어젓	128	64.8	12.3	2.3	7.3	13.3	30	165	1.1	2374	79	0.04	0.05	3.1	6

*식품성분표 제8개정판, 농촌진흥청

① 명란젓

명란젓은 명태의 난소를 물이나 4% 식염수로 씻은 후 원료 중량에 대하여 15~20%의 식염을 뿌려 용기에 충전시켜 숙성시킨 다음 양념한 것이다. 명란젓은 등급이 매우 다양한데 성숙되고 한 쌍의 중량이 50~160g이며, 색상이 붉고 난막이 얇으며, 핏줄이 거의 없고 흠집이 없을수록 상등품으로 친다.

명란젓은 통상 LDPE(Low Density Polyethylene) 포장을 하여 10℃에서 유통되는데 시간경과에 따라 내부 수분의 유출로 표면 드립(drip)이 생기고, 2차 오염에 의한 효모발육으로 pH가 낮아지며 퇴색되는 등의 변패가 일어나 양념젓갈 중 보존성이 가장 낮은 품목이다.

② 창란젓

명태의 부산물인 내장을 원료로 한 것으로 초기 미생물과 효소활성이 높아 제조가 까다롭고 유통 시 변패도 빠른 편이다. 원료에 혼입된 이물질을 제거하는 선별과정은 식품의 안전성에 관련되는 중요한 공정이다.

숙성 후 양념을 한 다음부터는 고춧가루에 의한 미생물 오염으로 생균수가 급증하고 수분활성도(Aw)가 0.90 이상으로 높아져 보존성이 낮아진다. 이를 개선하기 위하여 최근에는 소금에 절인 후 나오는 염지 유출수를 제거하고 물엿을 넣어 숙성시켜 완제품의 수분활성도(Aw)를 0.84이하로 조정함으로써 미생물의 생육한계선까지 낮추어 보존성을 높이고 있다.

이들 젓갈의 지질 함량을 보면 창란젓은 3.6%, 명란젓은 3.2%로 두 제품 모두 팔미트산, 올레인산, EPA, DPA, DHA의 조성비가 높아 영양식품으로 권장할 만하다.

③ 오징어젓

양념젓갈 중 비교적 가격이 저렴하고 기호성이 좋아 대중젓갈로 자리 잡고 있다. 오징어 젓갈은 귀, 몸통, 다리 등의 부위 혹은 이들이 일정비율로 혼합되어 판매하는데 몸통부위가 많을수록 상급으로 매겨진다. 몸통은 외피를 제거하고 세절한 것이 색상도 희고 식감이 부드러워 상급으로 취급된다.

4) 젓갈의 안전

젓갈은 조미료 또는 부식으로 널리 이용되고 있지만 한편으로는 아질산염과 아민이 생성되어 안전성 문제가 야기될 수 있다[표 3-10]. 아질산염(HNO_2)과 2급 아민(amine) 그리고 산성조건은 니트로사민(nitrosamine)의 생성을 촉진하는 것으로 알려져 있다. 니트로사민은 암을 유발하는 유해한 물질이다.

아질산염의 경우 대부분의 젓갈에서 1ppm 이하로 육가공품의 수백ppm과 비교할 때 걱정할 만한 수치는 아니지만 최근 새우젓갈에서 7ppm 수준까지 검출되고 있어 주목되고 있다.

2급 아민은 니트로사민의 전구물질로, 발효식품인 젓갈류에서 많이 검출될 것으로 우려된다. 젓갈의 종류에 따라 1~35ppm에 달하며 새우젓의 경우 최근 230ppm까지 검출된 보고가 있다. 그러나 젓갈의 1인당 섭취량은 약 1g으로 매우 적어 니트로사민에 의한 건강위해는 문제가 없을 것으로 본다.

[표 3-10] 젓갈류의 아질산염 및 아민 함량

젓갈	아질산염(mg/kg)	2급 아민(mg/kg)	히스타민(mg/kg)
굴젓	0.572	0.4	28.7
멸치젓	0.124	4.0	96.5
밴댕이젓	0.116	18.5	45.4
새우젓	0.167	34.8	62.5
소라젓	0.128	0.4	21.4
오징어젓	0.740	22.0	41.7
조개젓	0.222	1.6	97.7
조기젓	0.120	11.6	30.2
창란젓	0.408	18.2	39.6
황새기젓	0.188	20.8	62.9

젓갈류에서 검출되는 히스타민은 세균에 의한 아미노산의 탈탄산 산물이며 히스타민을 다량함유하고 있는 식품을 섭취하면 히스타민 중독을 일으킬 수도 있다. 중독증상이 비교적 온화하고 단기간에 끝난다.

5) 젓갈의 식품학적 의의

쌀을 주식으로 하는 동남아 각국에서는 옛날부터 젓갈류가 애용되어 왔다. 젓갈은 단백질을 비롯하여 탄수화물, 지질, 유기산, 기타 성분들이 적당히 분해되고 어울려 진한 감칠맛을 내어 맛이 좋다. 뿐만 아니라 원료 단백질의 분해로 생성되는 각종 아미노산과 생선의 뼈, 갑각류의 껍질에서 유래되는 무기 성분이 풍부하게 함유되어 있다. 또한 식욕을 증진시키며 소화 흡수도 양호하여 영양적으로도 가치 있는 식품이다. 따라서 젓갈은 비록 외관은 볼품없지만 그대로 식용으로 사용할 뿐만 아니라 김치의 부원료나 조미료로도 많이 이용된다.

젓갈류의 단백질 함량은 10~25%로 곡류보다는 높지만 다른 식품에 비하여 소비량이 많지 않기 때문에 단백질 공급 식품으로 기대하기는 어렵다. 젓갈은 짠맛이 강하므로 과잉 섭취 시 고혈압, 신장병 등을 유발할 수 있으며, 밥류 등 곡류의 섭취가 과다할 수 있어 그로 인한 건강 문제가 야기될 수 있다.

젓갈의 이런 문제를 해결하기 위하여 젓갈(식염 20% 내외인 고염젓갈)의 소금을 감소시키는 대신 물엿, 에틸알코올(ethyl alcohol), 젖산, 소르비톨(sorbitol), 키토산(chitosan) 등을 첨가하는 양념 저염 젓갈(식염 10% 이내)에 관한 연구가 진행되고 있으며 최근 식염 4~5%의 명란젓갈이 시중에 나오고 있다.

젓갈은 김치의 숙성을 촉진시키며 감칠맛을 향상시키고 필수아미노산의 함량을 높여준다. 따라서 젓갈은 김치의 맛과 영양을 향상시킨다. 뿐만 아니라 김치에 많이 이용되고 있는 멸치액젓이 항산화, 항암, 혈압상승 억제 등의 작용이 있다는 것이 보고되었다. 이는 멸치액젓에 있는 저분자 펩타이드의 생리활성 작용에 의한 것이다.

2. 어간장(어장)

어간장(fermented fish sauce)은 어패류 혹은 어패류의 내장을 염장한 후 장기 숙성시켜 액화한 것을 달인다. 그런 다음 건더기를 걸러낸 액을 침전시키고 상등액을 이용한다. 이렇게 만들어진 어간장은 식탁에서 조리용의 조미료로 이용된다. 우리나라에서는 어간장을 주로 가정에서 자가소비용으로 제조하여 왔으

나, 근래에 와서 상업적인 규모로 제품화하고 있고 수요도 늘어나는 추세이다.

1) 식문화사적 배경

『규합총서』에 의하면 우리나라에서는 예부터 어육장(魚肉醬)과 같은 육장을 만들어 왔음을 확인할 수 있다.

"크고 좋은 독을 땅을 깊이 파고 묻는다. 살코기(기름 없이)를 말리고(10근), 생치, 닭 각 열 마리를 정하게 취하여 내장을 없애고, 숭어나 도미를 깨끗이 씻어 비늘과 머리를 없애고 볕에 말리어 물기를 없이하여 10마리, 생복(生鰒), 홍합, 크고 잔 새우, 무릇 생선류는 아무것이라도 좋고, 달걀, 생강, 파, 두부도 또한 좋다.

먼저 쇠고기를 독 밑에 깔고, 다음에 생선을 넣고, 닭, 생치(꿩)를 넣은 뒤, 메주를 장 담그는 법대로 넣는다. 물을 끓여 차게 채워 메주 1말에 소금 7되씩 헤아려 물에 풀어 독에 붓기는 법대로 한다. 짚으로 독을 싸 묻고, 기름종이로 독 부리를 단단히 봉하여 큰 소래기로 덮어 흙을 아주 덮어 묻는다. 행여 비가 새어 젖게 하지 말고, 1년 후에 열어 보면 그 맛이 아름답기 비길 데 없다."

이때 어장은 오늘날 주로 어패류를 이용하는 것과는 달리 육류도 같이 이용하고 메주도 넣어서 담그고 있었다.

2) 어간장 만드는 방법

어간장의 제조과정은 액젓과 비슷하다고 할 수 있으나, 원료와 사용용도에 있어서는 차이가 있다. 액젓은 건더기를 제거한 젓국의 형태로 일반 젓갈과 용도가 비슷하나, 어간장은 콩으로 만든 간장 대신 사용할 수 있는 소스의 개념이다.

국내에서 제조되는 액젓의 원료는 멸치를 가장 많이 사용한다. 멸치젓을 담아 6~7개월간 숙성시키면 멸치가 삭아 맑은 국물이 고이는데 이것이 생젓국(순액젓)이다. 생젓국을 뜨고 난 건더기는 솥에 붓고 소금, 간장, 물을 적당량 가하여 달인 다음 베포에 걸러서 맑게 한다. 이것을 조미액젓이라고 한다.

공업적으로 제조하는 액젓은 숙성기간을 단축하기 위해 코오지를 첨가할 수도 있으며, 여과 시 근대화된 여과장치를 사용하는 점이 가정에서 만드는 것과 차이

점이다. 여과 후에는 MSG 등을 혼합하여 가미한 후 병에 넣어 유통하게 된다.

어간장의 원료는 멸치, 까나리, 고등어, 정어리, 새우, 바지락 등 젓갈의 원료가 되는 어종은 거의 이용할 수 있으나, 지방질이 적은 어종을 이용하는 것이 더 좋다. 제조 원리는 젓갈과 같으나, 다만 숙성기간이 젓갈에 비하여 훨씬 길다(6개월 ~2년)는 점이 다르다. 어간장과 액젓의 일반적인 제조공정은 [그림 3-13]과 같다.

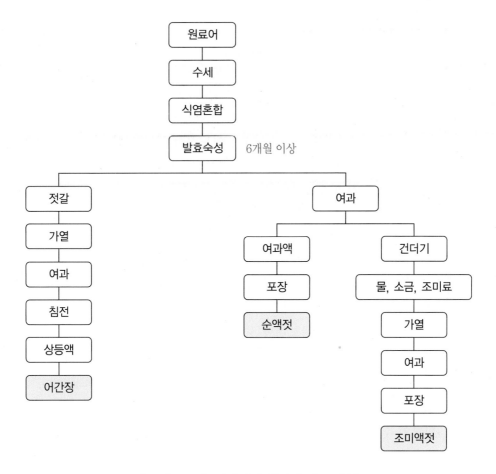

[그림 3-13] 어간장과 액젓의 제조 과정

원료어는 물로 깨끗이 수세한 후 원료 중량의 30~40% 정도의 식염을 첨가하고 나무통이나 드럼통에 넣어 상부에 다시 식염을 뿌린다. 뚜껑으로 밀봉하기 전에 돌로 눌러 놓는데 이렇게 처리된 것은 숙성함에 따라 체내에 있는 수분이

분리되고 체내 효소에 의해 육단백질이 아미노산으로 분해된다.

시간이 지나면서 상부에는 액상이 분리되고 숙성이 진행됨에 따라 점차 갈변 되어 맛과 향이 생성된다. 숙성조건은 15℃ 내외의 음지에서 6개월 이상 숙성시 킨다. 숙성된 젓갈은 달여서 액을 여과하여 분리한다. 분리된 액을 일정시간 침 전시킨 후 맑은 상등액을 어간장으로 사용한다.

3) 어간장과 액젓의 정미성분

어간장과 액젓의 좋은 맛은 각종 아미노산을 주체로 하고 여기에 핵산계 성분 과 향기물질이 복잡하게 상호작용하여 나타난다. 유리아미노산은 글루탐산, 아 스파르트산(aspartic acid), 알라닌, 발린, 이소류신, 류신, 라이신 등이 있다.

핵산계물질은 하이포크산틴(hypoxanthin), 이노신산, 구아닐산(guanylic acid, 5′ -GMP) 등이 있고, 비휘발성 유기산 중에는 젖산, 호박산, 초산 등이 주종을 이루 고, 휘발성 유기산도 다량 존재한다.

4) 다른 나라의 어장

어간장은 우리나라뿐만 아니라 일본을 비롯한 동남아의 여러 나라, 또 유럽에 서도 어패류를 원료로 하여 독특하게 만들어지고 있다.

이를테면 베트남, 라오스, 캄보디아 등지에서 만들어지는 뇨욕맘(nuoc-mam), 필리핀의 패티스(patis)나 바구웅(bagoong), 타이의 남플라(nampla), 버마의 나피 (nagpi), 말레이시아의 벨라찬(bellachan), 인도네시아의 트라시칸(trassikan), 그 리스의 게로스(garos), 프랑스의 피살라(pissala), 유럽의 앤초비소스(ananchovy sauce), 일본의 숏쓰루, 까나리 간장, 이시루 등이 유명하다.

(1) 베트남 등지의 뇨욕맘(nuoc-mam)

원료어는 소형의 정어리류, 삼치류가 이용된다. 대형 용기 바닥에 자갈을 깔고 그 위에 모발, 종려나무의 껍질, 또 그 위에 조개껍질, 왕겨, 모래, 자갈 등을 깔고, 용 기의 바닥 조금 위에 구멍을 뚫어 젓갈이 숙성되어 유리되는 액젓이 나오도록 한다.

용기에 식염, 어체를 번갈아 살재임 하는데, 기온이 높아서 소금양은 어체의

30% 정도로 우리나라보다 많이 넣는다. 수주일 후에 혼합교반을 한 후 식염을 추가한다. 염지한 후 1개월 내지 1개월 반 만에 어체는 액화하는데 5~6개월 후에 가열한 후 여과한다.

(2) 일본의 숏쓰루(shottsuru)

원료 생선은 도루묵, 정어리, 멸치, 소형의 고등어, 곤쟁이 등이 이용되는데, 종래에는 도루묵이 많이 이용되었으나 근래에는 정어리를 사용하는 것이 제품의 맛이 좋다고 하여 많이 이용되고 있다.

원료어에 20% 정도의 식염을 가하여 염지한 후, 1주일 정도 경과하여 액즙이 스며 나올 무렵에 어체를 다른 용기에 옮겨 염장하고, 흘러나온 액즙을 가열, 여과하여 첨가한 후 약 3년간 숙성시킨다.

액화된 것은 식염수를 가해 20분~2시간가량 끓여서 엑기스의 이행과 단백질의 응고를 촉진하면서 여과성을 높인다. 그 다음 냉각 및 여과과정을 거쳐 기름을 분리한 후 용기에 담아 포장한다. 근래에는 코오지를 첨가하여 숙성기간을 약 1년간으로 단축한 제품도 제조되고 있다.

5) 어간장의 식품학적 의의

어간장은 일반간장보다 감칠맛이 강하다. 어간장은 염분이 20%로 일반간장(16%)보다 많지만 그렇게 짜게 느껴지지는 않는데 이것은 감칠맛에 의해 짠맛이 약화되었기 때문으로 보인다.

어간장에는 각종 올리고 펩타이드가 다량 존재하며 이 성분들은 혈중 콜레스테롤 함량을 낮추고 혈압을 강하하는 등 다양한 생리기능을 나타낸다. 뿐만 아니라 칼슘이나 철의 흡수를 촉진시키는 역할을 하기도 한다.

어간장은 감칠맛이 많아 일반간장 대신 나물무침, 조림, 생선회의 곁들임 간장, 국물 낼 때 등 조리에 널리 이용되고 있다. 바지락 어간장, 고등어 어간장, 참치 어간장 등이 있다.

최근에는 효소나 미생물을 이용하여 제조기간을 단축시킬 수 있는 공정개선 및 품질개선에 관한 연구가 활발히 진행되고 있어서 맛 좋고 영양적으로 우수한 어간장이 개발될 것이라 기대된다.

3. 식해(食醢)

1) 식문화사적 배경

식해(食醢, cured fermented fish with cooked rice)는 생선을 이용한 일종의 수산 발효식품이며 소금의 생산과 유통이 원활하지 않았던 동해안 지역의 산물이다. 소금을 적게 넣는 대신 고추, 마늘 등의 향신채소를 이용하여 저장성을 높였고 생선 이외에 곡류 등이 들어가 젖산발효가 일어나 김치 맛이 가미되므로 김치류에 포함시키기도 한다.

식해는 함경도 지방의 향토음식으로 알려져 있으나 유희춘의 『미암일기』와 임진왜란 중에 쓰여진 오희문의 『쇄미록』에 의하면 여러 가지 생선 식해가 양반가에서 상용되었던 것을 알 수 있다. 지금은 동해안 속초 지역에서 실향민들에 의해 많이 만들어지고 있다.

경상도의 마른 고기 식해는 곡물, 소금, 생선에다 파, 고추, 마늘 등의 향신료를 섞은 것이고 경상도 진주식해, 함경도 도루묵 식해는 쌀이나 좁쌀 등의 곡물에다 소금, 생선 및 각종 향신료를 넣고 엿기름을 섞어서 만든다. 황해도 연안 식해는 큰 조개에 곡물, 엿기름, 대추 등을 섞어 만들고 있다. 또 강원도 북어식해, 함경도 가자미식해는 곡물, 엿기름, 소금, 생선, 각종 향신료에다 무를 섞어서 만든다. 경상도 안동식해는 곡물, 엿기름, 생강에다 무를 섞어 만든다.

2) 식해의 특징

젓갈은 어패류만의 단일 원료를 이용하며 발효도 주로 자가소화에 의존한다. 그러나 식해는 어패류 이외에 곡류, 엿기름, 소금, 고춧가루, 그 밖의 부재료 등과 혼합하여 절여 일정기간 동안 숙성시킨 것으로 여러 가지 원료를 이용한다. 자연히 자가소화 이외에 곡류에 의한 젖산발효가 겸해진 발효식품이다.

원료어는 가자미, 도다리, 전어, 조기, 명태, 갈치, 쥐치, 오징어, 우럭 등 일반적으로 젓갈의 원료가 되는 어패류는 거의 모두 이용할 수 있으며, 명태의 알이나 내장도 이용한다. 또 부원료로는 쌀밥, 찰밥, 조밥, 밀가루죽 등의 곡류밥과 소금, 엿기름, 고춧가루, 무채, 그 밖의 향신료 등을 적절히 배합한다.

식해는 젓갈과 달리 10% 내외의 저염 조건에서 익힌 곡류 등과 같이 숙성되므로, 다량의 젖산이 생성되고 젖산균, 효모 등의 대량증식으로 젖산 발효의 특성을 가진다. 따라서 대부분 1~2주 동안에 숙성이 완료되어 숙성기간이 짧다. 또 저장성도 약하기 때문에 기온이 높은 하절기보다는 추, 동절기에 많이 제조된다. 상온에서 숙성이 완료되면 냉장고에 보관하여 신맛이 나기 전에 소비하여야 하므로, 1개월 이상 장기 저장은 어렵다. 일반적으로 가정에서 자가소비용으로 소량씩 제조되고 있다.

3) 가자미식해

가자미식해는 먼저 선도가 좋은 가자미를 골라 비늘, 지느러미, 머리, 내장 등을 제거한 후, 3% 정도의 소금물로 씻어서 물기를 뺀다. 물기를 뺀 가자미를 적당한 크기로 자른 다음 원료중량의 5~10% 정도의 재제염을 가하여 약 1일간 염지한다. 분리되는 액즙을 제거하고 가자미에 곡류와 향신료 등 부원료를 혼합하여 숙성시킨다.

부원료로는, 미리 밥을 지어서 식힌 조밥이나 쌀밥을 전체중량의 20~50% 정도가 되도록 혼합하고, 향신료로 고춧가루 5~10%, 마늘 다진 것 2~3% 정도 혼합하며, 또 지역에 따라서는 엿기름가루 1~3%, 생강, 설탕, 무채 등을 적당량 혼합하여 숙성시킨다.

숙성은 실온(20℃)에서 약 2주일 정도 하는데 이 동안에 곡물의 전분이 산생성균에 의해 젖산 등의 유기산을 생성한다. 첨가된 마늘 등의 향신채와 생성된 유기산에 의해 pH가 저하되어 유해세균의 번식이 억제된다. 숙성이 진행되면 어체 단백질이 적당히 분해되어 아미노산에 의한 구수한 맛이 생성되며 이것이 유기산에 의한 신맛과 어우러져 비린내가 나지 않는다. 뼈도 부드러워져서 삭은 생선을 뼈째 먹을 수 있다.

제3절 해조류 이용 전통식품

1. 미역국

미역(brown seaweed)국을 감곽탕(甘藿湯), 곽탕(藿湯)이라고도 한다. 칼슘과 요오드가 풍부하게 들어 있어서 성장기 어린이와 산모, 수유부(授乳婦) 등에 특히 좋다.

예로부터 우리나라에서는 산모의 필수 음식으로 여겼는데, 해산날부터 삼칠일까지 의무적으로 미역국을 먹어야 하는 것이 우리의 오랜 관습이다. 미역국을 끓일 때도 삼칠일 이내의 산모에게는 출산 직후 살생(殺生)을 피한다는 뜻에서 쇠고기 대신 말린 홍합을 넣어 끓여 주었고, 산후가 오래 되면 쇠고기나 닭고기 등을 넣어 끓였다.

원래 미역국은 고기보다는 좋은 간장과 좋은 참기름을 조미료로 하여 맛을 내었으나, 근래에는 대부분 쇠고기를 넣으며, 생일에도 미역국을 끓여 먹는다.

[그림 3-14] 미역 건조

1) 미역의 이용

미역은 갈조류로서 곤포과에 속하는 온대성 해조로 1년생이다. 몸 전체에서 양분을 흡수하고 포자로 번식을 하며 너무 깊은 곳에는 서식하지 않는다. 보통 내만의 만 입구, 조류가 빠른 곳에서 자란 것이 품질이 좋다. 옛날부터 미역은 젊어지는 약으로 또 길조(吉兆)를 상징하는 식품으로 전해져 왔다.

미역은 식용해조류 중 생산량이 가장 많아서 국내소비를 충당하고도 남기 때문에 이용가공 방면으로 보다 적극적인 연구가 필요하다. 세계적으로도 우리나라의 미역 생산량이 가장 많으며 또한 식용으로 가장 많이 쓴다.

가공제품으로는 판(板)미역, 소건(素乾)미역, 자건미역, 회건(灰乾)미역, 염장미역, 조미미역, 마른 김처럼 만든 초제(抄製)미역, 조림미역, 미역과자, 미역분말 등이 있다.

소건미역은 채취한 미역을 물에 씻어서 모래나 자갈 위에 널어 말린다. 수분함량이 18% 이하가 될 때까지 건조시킨 후 붉고 마른 잎을 제거한다. 판미역은 소건미역과 같은 방법인데 다만 미역을 말릴 때 일정한 크기의 판자나 발 위에 조금씩 포개어 붙여서 말린 것이다.

자건미역은 생미역을 끓는 물에 넣어 녹색으로 변할 때 건져서 말린 것이다. 회건미역은 생미역에 나무의 재를 섞어 묻혀서 말린 다음 물에 재를 깨끗이 씻어 내고 다시 말린 것이다. 이렇게 하면 재의 알칼리성분에 의하여 클로로필의 분해가 억제되어 미역이 녹색을 띠고 조직감이 좋아져 상품가치가 높다.

2) 미역의 성분

생미역은 약 90%의 수분을 함유하고 있다. 이를 자연건조로 천일건조하면 수분함량이 약 10~20%인 건조미역이 된다.

미역의 주성분은 탄수화물로 주로 갈락토오스, 만노오스(mannose), 포도당, 과당, 자일로오스, 아라비노오스 등이다. 무기질의 함량도 많은데 건미역의 경우 칼슘은 959mg%로 우유(91mg%)보다 10배 이상 많으며 철은 90배 정도 많다. 그 외 요오드, 마그네슘, 칼륨 등의 함량이 많다. 요오드의 경우 미역 100g 중 50mg 정도가 함유되어 있는데 이는 채소에 비해 상당한 양이다.

[표 3-11] 미역의 일반 성분

(가식부 100g 기준)

성분 식품	에너지 (kcal)	수분 (g)	단백질 (g)	지질 (g)	회분 (g)	탄수화물 (g)	무기질(mg)				비타민(mg)					식염 (g)
							칼슘	인	철	나트륨	A(RE)	B₁	B₂	나이아신	C	
생미역	18	88.8	2.1	0.2	3.9	5.0	153	40	1.0	-	308	0.06	0.16	1.0	18	-
건미역	126	16.0	20.0	2.9	24.8	36.3	959	307	9.1	6100	555	0.26	1.00	4.5	18	15

*식품성분표 제8개정판, 농촌진흥청

미역의 미끈거리는 성분은 점질 다당류인 알긴산(alginic acid)과 퓨코이단(fucoidan)으로 미역 유기물의 약 20%나 된다. 이 다당류는 소화관 내에서 소화되지 않으면서 만복감을 주므로 저칼로리 식단에 이용하는 것이 좋다. 알긴산은 다시마나 미역과 같은 갈조류의 표면에 많으며 끈적거리는 성질 때문에 풀, 아이스크림, 젤리, 잼 등에 이용된다.

3) 미역의 식품학적 의의

우리나라에 산모에게 미역국을 먹이는 전통이 있는 것은 미역이 산모의 회복에 여러 가지로 도움을 주기 때문이다.

미역의 칼슘은 산후의 자궁수축을 돕고 출혈을 멈추게 하여 산후조리에 좋다. 미역의 무기질은 소화율이 매우 좋으며 임산부에게 부족한 칼슘과 철분을 보충하기에 충분하므로 산모뿐만 아니라 임산부에게도 적합한 식품이다.

미역에 많은 칼륨은 체내의 나트륨을 배출시키는 작용을 하여 혈압을 저하시킨다. 그 외 철, 아연, 마그네슘 등이 함유되어 있다. 이처럼 풍부한 무기질로 인하여 미역은 대표적인 알칼리성 식품으로 꼽히며 체액의 약알칼리성을 유지하는 데 도움을 준다.

요오드가 부족하면 갑상선에서 분비되는 호르몬인 티록신도 부족해져 신진대사가 원활하지 않게 된다. 미역은 요오드가 많아서 산모가 출산으로 소모된 체력을 회복하는 데 도움을 준다. 만약 요오드가 부족하면 신진대사가 약화될 뿐만 아니라 산후 비만의 원인이 되기도 한다. 또한 요오드는 체내에서 백혈구의 성분을 이루므로 산욕열 등 여러 가지 산후병의 예방에 좋고 젖의 분비를 촉진한다.

미역의 탄수화물은 만니톨(mannitol), 알긴산 등이 있고 이를 구성하고 있는 갈락탄은 대부분 소화흡수 되지 않아 미역은 저칼로리 식품으로 애용되고 있으며 장내에서 정장작용을 하여 변비치료에도 효과가 있다.

미역 등 각종 해조류는 수용성 식이섬유를 많이 함유하고 있어 비만과 당뇨에 좋은 식품으로 알려져 있는데, 수용성 식이섬유는 겔 형성력이 커서 포만감을 주며 영양소의 소화흡수를 지연시켜 당뇨병 환자의 당내성을 증가시킨다. 이외에도 미역은 피를 맑게 해주고 고혈압 치료에도 효과가 있으며, 모발을 아름답게 해준다.

미역, 미역귀 등에 함유된 퓨코이단이 항암, 항균, 항바이러스, 혈액응고 방지 등에 효과가 있다는 연구결과가 발표되고 관련 제품들이 생산되고 있다. 최근에는 미역발효추출물이 대장암에 항암효과가 있다는 것이 연구되었다. 이로 인해 지금까지 해조류에서 이용되지 않았던 다당류 성분의 발효로 인한 다양한 기능성이 연구되고 있다.

또한 노화되지 않은 어린 양식미역은 부드러워서 조직의 촉감이 좋으므로 샐러드 등으로 이용할 수 있다. 따라서 어린 미역을 이용한 다양한 음식의 개발이 필요하다.

2. 김구이

김(purple laver)은 홍조류에 속하며 우리나라 해조류 중 대표적인 식품의 하나이다. 『경상도지리지(慶尙道地理志)』, 『세종실록지리지(世宗實錄地理志)』, 『자산어보(玆山魚譜)』, 『임원십육지』, 『해동역사(海東繹史)』 등의 고문헌에 김에 관한 기록이 있으며, 옛날에도 자연산 김을 해안의 바위에서 채취해서 식용했을 거라고 짐작하고 있다.

조선시대 인조 임금 때, 한 어부가 김이 많이 착생한 나무토막이 흘러가고 있는 것을 꺾어서 세운 것이 김 양식의 시초가 되었다고 한다. 근래에 와서는 전남 완도와 경남 남해안 일대에서 많이 양식하고 있다.

김 양식은 내병성 다수확 품종의 보급과 양식수면의 확장 등, 양식 기술의 발달로 연간 4천 5백만 속 이상을 생산하기에 이르렀다. 또 열처리조건, 저온저장

및 포장방법 등의 개선으로 보장성이 향상됨으로써 조미 구운 김과 같은 가공품의 소비가 날로 증가하고 있다. 김을 먹는 민족은 극히 제한되어 있어 우리나라와 중국, 일본 등 아시아 지역에서 상식할 뿐이다.

1) 마른 김의 품질 및 일반 성분

마른 김은 형상, 색깔, 광택, 향기, 촉감 등 외관적인 성질에 의해서 품질이 결정된다. 대체로 푸른 색깔을 띠며 칠흑색의 광택이 있고 향기가 좋으며 촉감이 부드러운 것이 고급품이다.

일반적으로 고품질의 김은 단백질이 많고 탄수화물은 적으며 저품질일수록 단백질이 적고 탄수화물이 많다. 계절적으로는 채취초기의 것이 단백질이 풍부하고 채취말기에는 탄수화물이 증가한다. 채취초기에는 김이 왕성하게 세포분열을 반복하여 단백질을 중심으로 한 대사가 활발하여 세포 중의 색소나 향기성분이 많이 발생된다. 그러나 채취말기에는 세포분열 능력이 떨어져 탄수화물 대사가 왕성해져 세포벽이나 세포간 물질이 비대하여 탄수화물이 증가하는 것으로 알려져 있다.

[그림 3-15] 김 건조

마른 김의 성분[표 3-12]은 탄수화물이 40% 내외, 단백질이 30% 이상 함유되어 있고 무기질과 비타민이 골고루 분포되어 있다. 특히 단백질은 일반 해조류의 2배에 달하며 구성 아미노산도 우수한 편이다.

김에는 다른 식품에 비하여 비타민 A가 많이 들어 있다. 김을 구울 때 기름을 바르는 것은 비타민 A의 흡수율을 높이는 것이다. 또 김을 구울 때 한 장 보다는 두 장을 겹쳐서 구우면 비타민 A의 산화를 막아주므로 보다 과학적으로 김의 비타민 A를 이용할 수 있다.

김에는 비타민 B_2 등 비타민 B군의 함량도 많은 편이다. 특히 육상 식물에는 거의 들어 있지 않는 비타민 B_{12}가 들어 있어 김의 식품학적 가치를 높여준다.

[표 3-12] 마른 김의 일반 성분

(가식부 100g 기준)

성분\n식품	에너지\n(kcal)	수분\n(g)	단백질\n(g)	지질\n(g)	회분\n(g)	탄수\n화물\n(g)	무기질(mg)					비타민(mg)					식염\n(g)
							칼슘	인	철	칼륨	나트륨	A(RE)	B_1	B_2	나이\n아신	C	
마른김	165	11.4	38.6	1.7	8.0	40.3	325	762	17.6	3503	1294	3750	1.20	2.95	10.4	93	3

*식품성분표 제8개정판, 농촌진흥청

김의 맛을 내는 성분은 아미노산 계통의 타우린, 알라닌, 글루탐산, 아스파르트산 등과 핵산 계통의 이노신산, 구아닐산(guanylic acid, 5′-GMP) 등이 있다. 김의 핵산 관련물질은 가쓰오부시나 마른 표고버섯의 3~5배나 되는 많은 양이 들어 있다.

김의 지질 함량은 많지 않으나 주로 불포화지방산이며, 그중 고도불포화지방산인 EPA가 많으며 품질이 좋은 것일수록 더 많다.

생김의 중요색소는 클로로필 a(chlorophyll a), 크산토필(xanthophyll) 및 카로틴이다. 마른 김의 색은 홍자색, 흑자색으로 홍색의 피코에리트린(phycoerythrin), 청색의 피코시아닌(phycocyanin) 그리고 녹색의 클로로필 a로 구성되어 있다. 그러나 가열하면 피코에리트린은 변화하여 홍색이 없어지고 녹색이 남게 된다. 김을 구우면 녹색을 띠는 것은 이러한 변화에서 기인한다.

또 저장 중 습기를 흡수하거나 햇빛에 노출되면 클로로필은 분해되고 피코에리트린은 갈색의 피코빌린(phycobilin)으로 변하기 때문에 붉게 되며 김의 윤기와 향기가 손실된다.

마른 김의 품질은 산지별, 등급별로 차이가 있다. 등급이 높을수록 단백질과 비타민 그리고 색소 함량이 높다. 김의 채취 시기는 핵산 함량이 가장 많은 1월 중순이 가장 적기라 할 수 있다.

2) 마른 김의 저장 중 성분변화

마른 김은 공기 중에 방치하면 습기나 광선, 온도의 영향을 받아 변질하는데 그중 습도가 김의 저장에 가장 큰 영향을 미친다. 건조제를 넣은 주머니에 밀봉해도 마른 김 자체에 함유된 10~15%의 수분이 김 세포 중에 작용하여 서서히 변질되는 것이다. 대개 3개월이 지나면 향기가 소실되고 변색하며 맛이 떨어진다.

마른 김의 수분 함량이 적을수록 저장 중 색소와 비타민 C의 변화가 적다. 수분 함량이 많은 상태에서 저장하면 저장 초기부터 특히 비타민 C가 급격히 산화되며 갈변이 일어나 품질이 저하되므로 저장을 위해서는 김의 수분 함량을 조절할 필요가 있다.

마른 김을 장기간 보존하기 위해서는 열처리를 한다. 이것은 60℃정도의 열풍에 6~8시간 두었다가 재건조하여 마른 김의 수분을 1% 내외까지 떨어뜨리는 조작이다. 열처리 후 상자에 넣어 밀봉해 두면 세포의 효소작용이 억제되어 1년 정도 안전하게 보존된다. 12월에 나오는 신선한 햇김은 보통 열처리를 하지 않고 판매되기 때문에 빠른 시간 내에 먹지 않으면 변질된다.

김의 색소변화는 아미노카보닐(amino-carbonyl) 반응에 의한 갈변반응으로 색소변화를 방지하기 위해서는 2~5℃에서 저장하는 것이 좋다.

3) 김의 식품학적 의의

마른 김에는 단백질과 비타민이 상당히 많이 들어있는데 단백질 함량은 고단백질식품인 대두와 맞먹을 정도이며 비타민 B_1 함량은 쌀밥의 30~60배이다. 따라서 밥을 김에 싸먹는 것은 밥의 영양적인 부족함을 김이 보충해 주는 결과가 된다. 비타민 B_2는 우유의 59배, 비타민 C는 딸기보다 많이 들어 있다. 그 외 비타민 A, 나이아신 등도 많이 함유되어 있다.

김을 매일 섭취할 경우 혈압이 정상이 되고 체외로 콜레스테롤을 배설하는 효과가 있어 동맥경화증을 예방할 수 있다. 또 변비예방에도 효과가 있다. 이것은 김에 풍부한 알긴산 등 각종 식이섬유의 영향이다.

이처럼 마른 김은 양질의 단백질과 비타민이 풍부하고 소화율도 좋으며 맛도 좋아서 식욕을 돋우어 주는 영양식품이다.

3. 다시마

갈조식물 다시마과에 속하며, 곤포, 해대, 다사마라고 한다. 다시마는 20여종이 있으며, 주된 종류는 참 다시마, 긴 다시마, 오호츠크 다시마, 애기 다시마 등이다. 다시마의 색은 녹색의 클로로필 a와 황색의 카로틴 그리고 색소 단백질인 푸코틴산 등이 함유되어 있어 녹갈색을 띤다.

다시마는 한해성 식물로서 예로부터 우리나라를 비롯하여 일본, 중국에서도 식용하여 왔으며, 우리나라에서는 제주도를 제외한 전 연안에서 양식하고 있다. 자연산은 거제도와 제주도, 흑산도 등지에서 많이 난다.

『고려도경』에서는 다시마가 귀천을 막론하고 모두 즐기고 입맛을 돋우나 냄새가 비리고 맛이 싸므로 오래 먹을 것은 못된다고 소개한다. 이로 보아 당시에 해조류 채취가 성행한 것으로 보인다. 『동의보감』에서는 성질은 차고 맛이 짜지만 독이 없어서 수종과 부종을 치료하고 소변이 잘 나오게 한다고 하였고, 『규합총서』에는 매듭자반(다시마튀각)이 소개되어 있다.

1) 다시마의 품질 및 일반 성분

다시마는 빛깔이 검고 흑색에 약간 녹갈색을 띤 것이 우량품이다. 한 장씩 반듯하게 겹쳐 말린 것으로, 잘 말라서 빳빳하고 두꺼울수록 질이 좋은 것이다. 빛깔이 붉게 변한 것이나 잔주름이 간 것은 좋지 않다. 생다시마는 7~10월이 제철이고, 건조 다시마는 1년 내내 손쉽게 구할 수 있다.

건조 다시마의 성분 중 약 절반이 탄수화물인 알긴산이다. 무기질 중 칼슘과 요오드의 함량이 높고 아미노산으로 글루탐산과 라이신이 함유되어 있다. 또 비타민 A와 B군이 풍부하다. 건조 중에 생기는 표면의 흰색 분말성분은 만니톨이라는 당 알코올이다.

[표 3-13] 다시마의 일반 성분

(가식부 100g 기준)

성분 식품	에너지 (kcal)	수분 (g)	단백질 (g)	지질 (g)	탄수 화물 (g)	회분 (g)	무기질(mg)				비타민(mg)				
							칼슘	인	철	칼륨	A(RE)	B₁	B₂	나이 아신	C
생 다시마	12	91	1.1	0.2	4.2	3.5	103	23	2.4	1242	129	0.03	0.13	1.1	14
마른 다시마	110	12.3	7.4	1.1	45.2	34	708	186	6.3	7500	96	0.22	0.45	4.5	18

*식품성분표 제8개정판, 농촌진흥청

2) 다시마의 식품학적 의의

다시마에 많이 함유되어 있는 칼슘, 요오드 등의 무기질은 노화를 방지하며, 염기성 아미노산인 라이신은 혈압을 저하시킨다. 또 다시마는 글루탐산에 의한 풍부한 감칠맛이 있어 각종 요리에 천연조미료로 이용된다.

다시마의 알긴산은 인체 내 소화효소에 의해 소화가 되지 않지만 장을 튼튼하게 해준다. 또 수분을 많이 함유하고 있어 변을 부드럽게 하고 변비를 예방하는 효과가 있다. 다시마에 함유된 저분자 질소화합물 중 하나인 라미닌(laminine)과 식이섬유는 혈압을 낮추고 혈액 중의 콜레스테롤을 저하시켜 체내 지질대사 개선과 당뇨병에 효과적이다.

최근에는 다시마를 이용한 과자, 다시마를 첨가한 빵, 떡, 케이크의 품질 특성, 그리고 다시마를 이용한 묵의 제조에 관한 연구 등, 여러 가공식품류에 다시마를 첨가하는 연구가 이루어지고 있다. 또한 다시마 추출물이 항산화효과가 있다는 연구도 보고되고 있다. 한마디로 다시마의 여러 기능성과 다양한 가공식품으로의 발전 가능성이 주목받고 있는 것이다.

4. 한천

한천(寒天, agar)은 추운 하늘이란 뜻인데, 옛날 냉동시설이 없던 시절에 우뭇가사리의 점상을 추운 겨울에 얼려 말린 데서 유래된 이름이다.

우뭇가사리는 홍조식물 우뭇가사리과에 속하며, 가사리, 또는 암초에 붙어 증식하므로 석화채라고도 한다. 몸의 길이는 보통 10~30㎝이며, 조간대(만조 때에는 바닷물에 잠기고, 간조 때에는 드러나는 지대) 바위의 혹독한 환경에서 산다. 우뭇가사리는 우리나라 연안, 일본을 비롯하여 전 세계적으로 분포되어 있으며, 특히 열대지역에 많이 서식하고 있다. 우리나라에는 우뭇가사리 외에 애기우뭇가사리, 실우뭇가사리, 막우뭇가사리, 개우무 등이 있는데, 한천의 원료로 주로 쓰이는 것은 우뭇가사리와 개우무이다.

『자산어보』에는 해동초로 기록되어 있으며, "여름철에 삶아서 우무고약을 만들면 죽이 굳어져 맑고 매끄럽고 부드러워 씹을만 하다."고 되어 있다. 『임원십육지』에서 우뭇가사리를 솥에 넣고 잠길 정도로 물을 부은 후 푹 끓여 우무묵인 수정회를 만들어 먹었다는 기록이 있다. 『해동죽지』에 의하면 남해 연안에서 나는 우무로 청호를 만든 것을 우무포라 하여 대궐에 진상하기도 하고 팔기도 했다.

잘게 채 썰어 초장에 넣어 찬 음료로 하여 먹으면 상쾌하고 더위와 목마름에 좋다고 한다. 요즘엔 이것을 한천초라고 한다. 경상도 지역에서는 우무를 잘게 썰어 콩국에 띄워 먹는 것이 여름의 별미이다.

1) 우뭇가사리의 성분

우뭇가사리의 주성분은 수분이 70.3%, 단백질이 4.2%, 지질 0.2%, 탄수화물 18.5%로 수분이 대부분을 차지한다.

탄수화물은 대부분이 복합 다당류로서 구조는 전분 모양으로 아가로스(agarose)와 아가로펙틴(agaropectin)의 두 형태로 존재하고, 이 두 물질에 의해 한천의 겔화가 이루어진다. 그 외 갈락토오스와 글루쿠론산이 함유되어 있다.

다당류의 일종인 알긴산은 영양적인 가치는 적으나 소화가 되지 않기 때문에 장의 연동운동을 도와 변비치료와 다이어트에 좋다.

[표 3-14] 우뭇가사리의 일반 성분

(가식부 100g 기준)

성분 식품	에너지 (kcal)	수분 (g)	단백질 (g)	지질 (g)	탄수 화물 (g)	회분 (g)	무기질(mg)			비타민(mg)				
							칼슘	인	철	A(RE)	B₁	B₂	나이 아신	C
우뭇가사리, 생것	46	70.3	4.2	0.2	18.5	3.8	183	47	3.9	360	0.04	0.43	1.1	15
우뭇가사리, 한천	154	20.1	2.3	0.1	74.6	2.9	523	16	7.8	–	–	–	–	–

*식품성분표 제8개정판, 농촌진흥청

2) 한천의 제조

한천은 자연조건을 이용한 동결해동법을 사용하여 제조, 정제한다. 홍조류를 물과 함께 끓인 추출액을 뜨거울 때 삼베 또는 목면자루에 넣어 눌러서 짠다. 짜낸 액을 나무통에 넣고 한참 방치하여 부유물을 제거하고, 이 액즙을 응고틀 상자에 넣어 냉각하여 응고시킨 것이 우무이다. 일단 냉각하여 겔(gel)을 만든 다음, 잘게 썰어서 동결시킨다. 동결 및 해동과정을 되풀이하여 수용성인 불순물을 물과 함께 정제한 후 건조, 탈수하여 입상 또는 분말상태로 만든다.

3) 한천의 식품학적 의의

한천은 겔을 형성하는 능력이 강한데, 한천 겔은 고온에 잘 견디는 성질이 있어서 고온에 가공되는 제품의 안정제로 사용된다.

아이스크림, 양갱, 소시지, 우유 및 유제품 등의 색소나 식품첨가물의 안정제로 사용되며 미생물의 배양배지, 화장품 등에도 이용된다. 또한 안정성과 수요에 있어서 동물성 겔 형성제인 젤라틴의 대체제로 충분히 사용 가능하다.

한천은 칼로리는 낮으나 부피감이 있어 다이어트 시 만복감을 주는 등, 다양한 기능성 식품의 소재로 사용할 수 있다.

제4장

과채류를
이용한
전통식품

제1절 과실류 이용 식품

　목본성 식물인 과실은 산야에서 자생하는 식품이었기 때문에 농경문화가 시작하기 수 만 년 전부터 소중한 식량자원이었으며, 그 후 오랫동안 재배하여 이용하고 있다. 우리나라는 기후가 온난하여 다양한 과수류 재배가 가능하였고 이러한 과실은 식생활을 풍성하게 하였다.

　신석기시대부터 도토리, 개암 등의 야생열매를 이용했고, 부족국가시대에는 밤, 삼국시대에는 복숭아, 오얏, 매화, 신라시대에는 잣, 호두, 석류, 백제에는 밤이 유명했다. 고려시대에는 복숭아, 오얏, 매화, 앵두, 잣, 살구, 포도, 대추, 배, 귤, 유자, 은행 등을 재배 이용하였고, 조선 초기에는 개암, 아가위, 잣, 은행, 밤, 감, 대추, 석류, 살구, 복숭아, 호두, 모과, 유자, 앵두 포도, 능금 등을 이용하였다. 우리가 현재 재배하고 있는 과실이 거의 재배된 셈이다.

　또한 1900년을 전후해서 서양에서 피칸, 양앵두가 수입되고 최근에는 키위 등이 수입되어 많이 이용되고 있다. 오랜 역사를 통해 다양한 과수들이 도입되어 개량, 재배되었는데, 앞으로도 개량 재배를 통해 더 많은 종류의 과일이 나와 우리의 식생활을 풍요롭게 할 것이다.

1. 감

1) 감의 재배 및 이용

　감(persimmon)은 동아시아가 원산지로 동아시아 특유의 과일이다. 고려 고종 때(1236)의 의서인 『향약구급방』에 감에 관한 기록이 있는 것으로 보아 우리나라에서 오래전부터 재배되어 왔음을 알 수 있다.

　감에는 떫은 감과 단감이 있는데 우리나라의 재래종 감은 대개 떫은 감이고 단감은 외래종으로 남부지방에서 일부 재배되고 있다. 보통 단감은 따뜻한 지방, 떫은 감은 추운 지방에서 생산된다. 감나무는 온대지대에 적합한 과수로서 기온이 너무 높거나 낮으면 감나무 재배에 적합하지 않다. 우리나라에서 제일 많이 재배되는 곳은 경남, 전남, 경북, 전북, 강원 등이고, 그중에서 진영의 단감과 함안과 상주의 곶감이 알려져 있다.

수확 시기는 단감류의 경우, 감 고유의 빛깔이 날 뿐만 아니라 충분히 탈삽(脫澁)하기를 기다려 수확하고, 떫은 감은 충분히 착색만 되면 수확해서 인공적으로 탈삽한다. 특히 건시(乾柿, 곶감)로 가공할 것은 과숙하여 과육이 물러지기 전에 좀 일찍 수확하는 것이 안전하다.

단감은 일반적으로 생으로 먹고, 떫은 감은 적당히 말려서 곶감을 만들어 먹거나 연시(홍시)로 만들어 먹는다.

2) 감의 성분

감의 주성분은 탄수화물로, 약 14~19% 정도이고 그중 포도당 6%, 과당 2~3%, 자당 5%이다. 연시(軟柿)가 단감보다 당분 함량이 더 많다.

비타민 C는 품종에 따라 차이가 있으나 단감이 110㎎으로 과일 중에서도 함량이 많은 편이다. 감나무 잎에도 비타민 C가 많아서 감잎차로 애용되고 있다.

[표 4-1] 단감, 연시, 곶감의 일반 성분

(가식부 100g 기준)

성분\n식품	에너지\n(kcal)	수분\n(g)	단백질\n(g)	지질\n(g)	회분\n(g)	탄수화물\n(g)	비타민			
							A(RE)	베타카로틴\n(㎍)	나이아신\n(mg)	C\n(mg)
단감	51	85.5	0.5	0.1	0.4	13.5	31	184	0.3	110
연시	57	83.8	0.5	0.1	0.5	15.1	16	97	0.2	20
곶감	247	30.1	2.2	0.2	1.5	66.0	49	295	0.8	4

*식품성분표 제8개정판, 농촌진흥청

완숙된 감은 카로티노이드계인 카로틴과 크립토크산틴(cryptoxanthin) 색소에 의해 등황색을 띠며, 프로비타민(provitamin) A를 함유하여 비타민 A 효력도 높다.

감의 탄닌 함량은 품종에 따라 다르며 4~9.2%의 범위이고 고욤은 26%나 된다. 감의 떫은맛 성분은 탄닌의 일종인 시부올(shibuol)이다. 탄닌은 감이 익어가는 과정 중에 아세트알데하이드(actaldehyde)와 결합하여 불용성 형태로 변하기 때문에 익은 감에서는 떫은맛을 느끼지 못한다.

3) 건시(곶감)

곶감은 우리나라의 건조과일 중 대표적인 것이다. 건시의 원료는 겉껍질이 얇고 육질이 치밀하며 건조 후 당분이 많고 수분이 적은 떫은 감을 사용한다. 모양은 긴 타원형이고 끝이 뾰족하며 씨가 적은 180~220g 정도의 것이 적당하다. 건시 제조용 품종으로는 평핵무와 사곡시가 좋다.

감의 변색을 막기 위하여 스테인리스 스틸로 만든 칼을 사용하여 감의 껍질을 벗겨서 통풍이 잘되고 햇볕이 잘 드는 곳에 널어서 말린다. 말리는 동안 핀셋으로 씨를 빼고 손으로 과육을 문질러서 연하게 하는 손질을 여러 번 한다.

말리기 전에 황훈증을 하면 갈변을 막아서 색깔이 좋아지고 건조기간이 단축될 뿐만 아니라 저장성이 높아진다. 황훈증은 감을 밀폐된 공간에 넣고 황을 태워 30~40분간 훈증(燻蒸)하는 것이다.

천일건조[그림 4-1]인 경우는 약 34일, 열풍(30~38℃)을 이용할 때는 약 5일이 소요된다. 건시는 일반감과 비교할 때 수분이 감소된 반면 다른 성분은 농축되는 효과가 있다.

[그림 4-1] 감 건조(천일 건조)

건시의 수분 함량은 30% 내외이고, 과육의 당 함량은 말리는 과정에서 농축되어 약 4배 이상 증가되며 비타민 A 함량도 많아진다. 구성 당은 포도당, 과당, 자당인데 이 중 포도당과 과당이 많고 자당은 미량이다. 건조초기에 자당은 급격히 감소하고 포도당과 과당은 증가한다.

건시 제조 중 건조가 진행됨에 따라 아세트알데하이드, 알코올은 증가하고 탄닌은 불용성으로 변하여 떫은맛은 없어진다. 곶감 표면의 흰 분은 건조과정에서 감 표면에 있는 포도당과 과당이 결정화된 것으로 조선시대에는 이 가루만 모아서 감미료로 썼다는 기록이 있다. 곶감은 단맛이 많은 것이 좋은데, 표면에 흰 가루가 많고 육질이 선명하며 도톰하고 곰팡이 없이 깨끗하게 말린 것을 골라야 한다.

4) 감의 식품학적 의의

감은 일반 과일과 달리 신맛과 향기가 적고 은은한 단맛과 떫은맛이 있다. 이 떫은맛의 원인인 탄닌은 수렴작용이 강하여 체내 점막 표면의 조직을 수축시켜 설사를 멎게 한다. 즉 감은 섬유질이 적고 탄닌이 있어서 변을 단단하게 만들어서 변비를 일으킨다. 또 철분과 쉽게 결합하여 배설되어 철분의 흡수를 방해하기 때문에 많이 먹으면 빈혈을 일으킬 수 있다. 감 과육에 꺼뭇꺼뭇한 반점은 탄닌이 중합되어 불용성으로 변한 것으로 떫은맛은 없다.

감은 비타민 C의 함량이 많아서 몸의 저항력을 높여 감기 예방에 좋다. 또 숙취에 좋고 술을 마시기 전에 먹으면 취하는 것을 막는다. 따라서 안주로 단감이나 곶감을 먹으면 좋고 술 마신 뒤의 후식으로도 좋다. 이것은 감에 많이 들어있는 비타민 C와 과당, 콜린 등의 성분이 알코올의 산화·분해를 돕기 때문이다. 감의 황색색소 카로틴은 비타민 A 전구체로 체내에서 비타민 A 효과를 낼 뿐만 아니라 항산화·항암 작용을 하는 물질로 알려져 있다.

예부터 감은 해열에 도움을 주며, 지혈작용을 하고 술독을 풀어주며 멀미에 효과가 있다고 했다. 감꼭지는 딸꾹질 치료에 이용되어 왔으며, 곶감도 같은 효과가 있다고 전해진다. 또 자반 생선의 짠맛을 뺄 때, 감잎 물을 이용하기도 했다. 감잎은 동맥경화, 고혈압에 효과가 있으며 항균작용도 한다.

감잎차는 봄에 나는 어린 감잎을 따서 뜨거운 수증기로 살짝 쪄서 잘게 썰어 그늘에서 말려서 차로 이용한다. 가열에 의해 감잎의 비타민 C 산화효소가 불활성화 되므로 비타민 C의 손실을 줄인다. 그러나 오래 가열하면 비타민이 파괴되므로 주의해야 한다. 따라서 차를 마실 때도 끓이면 비타민 C가 파괴되므로 끓는 물에 우려내는 것이 좋다. 어린 감잎에는 비타민 C가 100g당 500㎎이나 들어 있어 다른 식품에 비해 월등히 많다. 잎이 다 자라면 비타민 C 함량은 200㎎ 정도로 감소한다. 또 감잎차에는 카페인(caffeine)이 들어 있지 않으므로 카페인에 예민한 사람에게 좋다. 감잎차의 생리활성 기능으로는 괴혈병, 불면증, 술독 치료 등이 알려져 있다.

2. 사과

1) 사과의 재배 및 이용

세계적으로 중요한 과실의 하나인 사과(apple)는 유럽과 서아시아 지방이 원산지로 중국에서는 기원전 2세기에 벌써 재배된 기록이 있다. 우리나라에서도 오래 전부터 재배되었으리라고 짐작되지만 문헌상 기록은 고려시대 『고려도경』에 비로소 나온다. 우리나라는 능금(M. asiatica)을 옛날부터 재배해 왔으나 지금부터 약 300년 전에 능금보다 훨씬 큰 '사과'라는 과실이 중국으로부터 들어와 재배되었다고 한다.

우리나라는 온대 북부에 위치하고 있어서 사과 재배에 기온이 알맞고 사과 재배가 가능한 유휴경사지(遊休傾斜地)가 많아서 전체 과수재배 면적의 약 40%를 차지하고 있다. 기후나 풍토상으로 볼 때 대구, 황해도 황주, 평안남도 남포 등이 사과 재배에 적합한 곳이라 할 수 있다.

사과의 품종은 홍옥, 쓰가루, 아오리, 부사, 뉴조나골드, 골든벨, 스타킹 등이 있으며 과거에는 국광과 홍옥이 주를 이루었으나 근래에는 저장력이 강하고 품질이 우수한 부사가 약 80% 이상으로 대부분을 차지하고 있다.

우리나라의 사과 소비는 생과일 중심이지만, 일부는 주스류, 넥타, 사과주, 잼, 젤리 등으로 가공하여 사용하고 있다. 특히 사과주스는 원료사과의 대부분을 국내에서 수급할 수 있고 품질이 좋아서 수입 개방화에 대처할 수 있는 가능성이 큰 품목으로 주목받고 있다.

사과주스는 잘 익은 사과를 골라야 한다. 적절한 시기에 수확하여 전분이 적고 당분 함량이 많으며 산 함량은 적당히 적은 것이 좋다. 사과는 품종에 따라 산, 당, 탄닌, 향기 성분 등의 함량이 다르므로 여러 가지 품종의 것을 섞어서 쓰면 유리하다. 일반적으로 조생종은 산이 많고 향기가 좋지 않으므로 중생종이나 만생종을 사용하는 것이 좋다.

사과잼은 풍미가 좋으며 가열 시 변색하지 않는 것이 좋다. 품종으로는 홍옥, 왜금 등이 적당하다. 사과식초는 잘 익은 사과를 쓴다. 벌레가 먹었거나 상한 것도 쓸 수 있을 뿐 아니라 사과주스 가공 후 남는 사과박 등 가공 부산물도 이용할 수 있다. 제조된 사과식초의 색깔은 담황색이고 4~4.5%의 초산을 함유하고 있다.

2) 사과의 성분

사과 품종 중 부사가 아오리나 홍옥에 비해서 탄수화물, 무기질, 비타민의 함량이 많으며, 특히 비타민 C는 10배가량 많다[표 4-2].

[표 4-2] 사과의 일반 성분

(가식부 100g 기준)

성분\식품	에너지 (kcal)	수분 (g)	단백질 (g)	지질 (g)	회분 (g)	탄수화물 (g)	무기질(mg)		비타민(mg)		
							칼륨	나트륨	A(RE)	나이아신	C
부사	49	86.3	0.2	0.1	0.3	13.1	146	16	1	0.5	48
아오리	46	87.3	0.5	0.2	0.2	11.8	99	4	0	0.1	5
홍옥	48	87.1	0.2	0.4	0.2	12.1	39	7	0	0.1	5

*식품성분표 제8개정판, 농촌진흥청

부사의 당 함량은 13%이며 그중 과당이 주된 당으로 약 53%를 차지하고 그 외 포도당과 자당이 각각 22%와 18%를 차지하며 당 알콜인 솔비톨이 약 7%를 차지한다.

산 함량은 부사품종의 경우 약 0.25~0.5%이며 그중 사과산(malic acid)이 90% 이상을 차지한다. 아미노산은 티로신, 알라닌, 세린, 글루탐산, 아스파르트산, 아스파라긴 등이 있으며, 비타민은 의외로 적게 들어 있고 껍질 쪽에 몰려있다.

잼, 젤리 제조 시의 주요 성분인 펙틴은 0.26~0.77%에 이르며 수확시기가 늦어질수록 함량이 낮아진다. 사과 과피의 아름다운 적색은 안토시안(anthocyan) 색소이다.

3) 사과의 식품학적 의의

사과는 동서양을 막론하고 대표적인 과일이라 할 수 있는데, '사과가 익는 계절이 되면 사람이 건강해진다.'는 서양속담도 있다.

1927년에 발표된 『American Medicine』에 따르면 "사과는 모든 산성증, 통풍, 류머티즘, 황달, 간, 쓸개 질환, 간기능 부진으로 인한 피부질환, 위산과다, 자가중독에 대해 치유효과가 있다."고 한다. 이 발표를 뒷받침하는 여러 연구 결과들이 나오고 있다.

최근에 밝혀진 것은 사과가 당뇨병에 좋다는 것으로 글리세믹 지수(Glycemic Index, 식후 혈당치가 상승하는 속도)가 콩류와 같이 최저치에 가깝다는 것이다. 사과가 가지고 있는 천연당이 비교적 많지만 혈당치가 급격히 상승하지 않는다는 것을 의미한다. 사과가 인슐린을 적절히 조절하고 이러한 역할이 혈중 콜레스테롤과 혈압을 낮추어 준다는 것이다.

이탈리아, 프랑스 등에서 행한 연구결과에 의하면 사과 섭취가 혈중 콜레스테롤 수치를 감소시킨다고 하였다. 더욱이 HDL-콜레스테롤은 상승하고 LDL-콜레스테롤은 저하된다고 한다. 또 사과 향기가 많은 사람들에게 있어서 혈압을 낮춘다는 보고도 있다.

사과주스가 폴리오바이러스(polio virus, 소아마비의 병원체)를 불활성화시키는 효력이 강하다는 발표도 있으며 또한 사과를 많이 먹는 사람은 감기나 호흡기(코, 목 등) 질병 등에 잘 걸리지 않는다는 연구 결과도 있다.

사과는 암을 예방한다. 사과에는 암 발생을 억제하는 카테킨(catechin)과 클로로게닉산(chlorogenic acid)이 다량 함유되어 있기 때문이다. 또 칼륨이 많이 들어있어, 고혈압 환자의 경우 사과의 풍부한 칼륨이 나트륨의 배설을 증가시켜 혈압을 조절해 주는 작용을 한다.

사과는 식이섬유 펙틴이 풍부하여 변비 예방에 좋다. 펙틴은 과육보다 껍질에 많이 들어있어 껍질째 먹는 것이 펙틴 섭취나 비타민의 섭취에 좋다. 또 사과에는 여러 가지 유기산이 풍부하게 들어 있어 피로회복, 식욕증진, 정장작용에 효과적이며, 폴리페놀 성분은 항산화작용을 하며 변이원성을 억제한다.

3. 배

1) 배의 종류

배(pear)는 원산지에 따라서 동양배와 서양배로 나눈다. 동양배는 다시 한국고유종, 일본종, 중국종으로 나누며 우리나라에서는 대부분 일본에서 품종 개량한 배를 재배하고 있다.

동양배는 이시이 동부지역에 분포되어 있는 돌배나무를 개량한 품종으로 과일이 둥글고 과즙이 많아 시원한 맛이 있으며 저장성도 강한 장점이 있으나 거칠거칠한 석세포(stone cell)가 있어서 육질은 서양배에 비해서 떨어진다. 석세포의 많고 적음은 혀의 촉감과 맛에 영향을 미친다.

서양배는 유럽 및 서아시아 지역의 야생배를 품종 개량한 것으로 동양배에 비해 작고 긴 타원형으로 석세포가 적다. 우리나라 배와 다른 향긋한 향이 있고 맛이 좋으며 육질이 부드럽다. 서양에서는 통조림으로 사용하거나 조리해서 많이 이용하고 있다.

2) 배의 성분

배의 주성분은 당분으로 품종에 따라서 함량과 조성이 차이가 난다. 보통 10~12%의 당분이 함유되어 있다. 당조성은 설탕이 가장 많고 다음으로 과당, 포도당의 순이다. 그 외 당알코올인 소르비톨과 이노시톨이 있으며, 특히 소르비톨이 많이 함유되어 있다. 유기산은 구연산이 가장 많고 그 외 호박산, 주석산, 사과산 등이 함유되어 있으나 함량은 적다. 비타민 C 함량은 부사사과보다는 적지만 아오리, 홍옥과는 비슷하다. 배의 특징인 석세포는 다당류인 펜토산과 리그닌이 주성분이다.

3) 배의 식품학적 의의

육류를 연하게 하기 위하여 배를 갈아 넣어서 재워두거나 고기를 먹은 후에 후식으로 배를 먹는 것 등은 배에 육류를 분해하는 효소가 들어 있어서 소화를 도와주기 때문이다. 고기를 많이 먹는 나라에서는 오래전부터 배를 많이 이용하였다.

석세포가 있어서 변비에 좋으며 이뇨작용도 도와준다. 또 갈증이 심하거나 술을 마시고 난 후 조갈증에 좋은 식품이며 기침, 후두염, 해열, 거담 등에 효과가 있다.

[표 4-3] 배의 일반 성분

(가식부 100g 기준)

성분\식품	에너지 (kcal)	수분 (g)	단백질 (g)	지질 (g)	회분 (g)	탄수화물 (g)	무기질(mg)		비타민(mg)		
							칼륨	나트륨	A(RE)	나이아신	C
배(신고)	41	88.4	0.3	0.1	0.3	10.9	171	3	0	0.1	4

*식품성분표 제8개정판, 농촌진흥청

4. 매실

매화나무는 장미과에 속하는 낙엽활엽교목으로 매실나무라고도 한다. 꽃은 매화라 하고 열매는 매실(apricot)이라 하여 식용 또는 약용으로 이용된다.

한글 가정백과사전인 『규합총서』에는 매화꽃 차를 즐기는 서정적인 마음을 이렇게 표현하고 있다.

"반만 핀 매화 봉오리를 따서 말려 꿀에 재웠다가 더운 여름에 물에 타면 꽃이 금방 피고 맑은 향기가 사랑스럽다."

[그림 4-2] 매실

매실은 살구, 자두와 식물학적으로 가까운데 일반적으로 이용형태에 따라 꽃을 관상으로 하는 화매(花梅)와 과실을 이용하는 실매(實梅)로 대별된다. 실매는 개화시기에 따라서 조, 중, 만생종(晩生種)으로 분류하며, 과실 크기에 따라 대, 중, 소매(小梅)라 하고, 산미(酸味)의 정도에 따라 산매(酸梅)와 감매(甘梅), 숙기(熟期)에 따라 청매(靑梅)와 숙매(熟梅)로 분류하기도 한다.

매실은 중국과 일본이 원산지로 한국, 일본 등 주로 동양 3국에서 재배되고 있는데 그중 한국산을 최고로 치고 있으며, 남부지방에서 재배하는 청매실은 향과 맛, 효능에서 특별하다. 우리나라에서는 중부 이남에서 많이 재배되며 특히 전남 등지에서 집단 재배하고 있다.

중국산 매실은 신맛이 약한 행매(杏梅)라 하며 이것이 우리나라에 건너와 기후와 토양에 잘 조화하여 구연산이 풍부한 산매(酸梅)가 되었다.

1) 매실의 수확 및 이용

매실은 생식(生食)을 하지 않고, 청과(靑果)를 가공하여 이용하고 있다. 매실의 수확 시기는 가공용도에 따라 약간의 차이는 있으나 보통 완전히 익지 않은 청매를 쓰며 대개 6월 상순에서 중순경에 수확한다. 매실은 매실엑기스, 매실절임, 매실장아찌, 매실잼, 매실차, 매실음료, 매실정과(梅實正果), 매실주 등 다양한 가공품의 형태로 이용되고 있다.

매실엑기스용은 유기산이 가장 많은 시기인 6월 상순경에 푸른 과실을 수확하며, 매실주로 사용할 때는 유기산과 당(糖)의 함량이 많아야 하므로 엑기스용보다 약간 늦은 때인 6월 중순에 수확한다. 1차 가공하여 수출하는 수출용 소금절임(梅干)은 과육과 씨가 분리되고, 절임한 과실의 주름이 적어야 품질이 좋으므로 과실이 충분히 살찐 6월 중하순에 수확한다.

수확이 너무 늦어지면 수량이 많고 당도는 높으나 쉽게 황화(黃化)하므로 주의해야 한다. 또한 매실은 저장성이 없고 수송 도중에 상하기 쉬워 특별한 주의가 필요하다.

(1) 매실주

매실주는 설탕과 함께 소주에 담가 일정기간 익힌 후 과실을 건져내고 숙성시킨 한국의 과실주로, 약 350년 전부터 애용되어 왔다. 매실주용 과실은 열매알이 고르고 크며 씨가 작아 속살이 많은 싱싱한 청매가 좋다. 엑기스용의 청매보다 조금 늦게 수확한 청백색을 띤 과실이 알맞다. 너무 일찍 수확한 푸른 과실은 매실주 색깔이 좋지 않고 쓴맛과 떫은맛이 있다. 반면, 완숙된 과실은 발효가 빠르고 색깔이 고우며 쓴맛도 적어 좋지만, 혼탁하기 쉽고 신맛이 적어 매실주 본래의 가치는 적다.

담그는 법은 여러 가지가 있다. 예부터 전해온 방법은 짚을 태운 잿물에 반쯤 익은 청매를 하룻밤 담가두었다가 이튿날 꺼내어 헝겊이나 종이로 물기를 잘 닦아 내고 술로 씻은 다음 항아리에 넣고 소주를 부어 두면 1개월 후에 익는데, 이때 매실은 꺼내도 되고 그냥 두어도 된다. 그러나 3~6개월 안에 매실을 건져내고 매실주만 1년 이상 숙성시키는 것이 효과적이다. 3년 정도 숙성된 것이 가장 맛이 있고 약효가 좋다.

최근에 많이 이용하는 매실주 담는 법은 매실 2kg에 소주 2ℓ의 비율로 담가 3개월 정도 밀봉해 두면 산미가 강한 호박색 술이 된다.

(2) 매실엑기스

매실엑기스는 청매를 물로 씻은 후 착즙기에 넣고 짠다. 짜낸 과즙을 농축시키기 위하여 가압(加壓) 또는 솥에 넣고 40~50℃의 저온으로 가열하여 서서히 농축시키면 검은색의 농축액이 된다. 농축된 과즙을 유리병 등에 담아 두고 이용하는데 보관 중 곰팡이 등의 발생이 있으므로 장기간 보관하고자 할 때는 병에 넣은 후 순간살균(110~120℃)을 하거나 과즙량의 0.5~0.7% 정도의 소금을 첨가하여 보관한다.

(3) 매실절임

매실은 형태가 고르고 껍질색이 고우며 육질이 많은 것이 적합하다. 만드는 방법은 수확한 매실을 맑은 물에 1~2일간 담가 과육과 씨가 잘 분리되게 한다. 통 속에 과육과 소금을 층층으로 쌓고 돌을 얹어 20~30일간 눌러 밑절임한 후 건져서 햇볕에 2~3일간 말려 소금발이 나오도록 한다. 맑은 날 밤이슬을 맞게 하면 더욱 좋은 품질의 제품을 얻을 수 있다.

햇볕에 말리는 작업이 끝나면 소금에 절인 자소(紫蘇)잎과 함께 통 속에 층층으로 다시 쌓고 가벼운 돌을 얹어 서늘한 그늘에 저장한다. 이렇게 하면 자소의 붉은색이 매실에 물들어 붉은색의 우메보시(梅干)가 된다. 절임제품의 무름(軟化)을 방지하기 위하여 자소 잎과 매실을 햇볕에 2~3일 말린다.

2) 매실의 성분

매실은 과육이 80%, 핵이 20%를 차지한다. 과육은 수분 함량이 약 89%이고 탄수화물이 8% 정도이며, 유기산이 5% 가량으로 다른 과일에 비해서 5배 이상 많이 들어있어 신맛이 강하다.

유기산은 구연산, 사과산, 호박산, 주석산 등이 주된 것이며 초기에는 사과산의 함량이 많지만 열매가 익어감에 따라 점차 구연산의 함량이 증가한다. 과일의 맛을 나타내는 당산비(sugar-acid ratio)가 매실은 1~2로 사과(14), 밀감(12) 등 다른 과일에 비해서 매우 낮다.

[표 4-4] 매실의 일반 성분

(가식부 100g 기준)

성분 식품	에너지 (kcal)	수분 (g)	단백질 (g)	지질 (g)	회분 (g)	탄수화물 (g)	무기질(mg)		비타민(mg)		
							칼륨	나트륨	A(RE)	나이아신	C
매실	34	89.4	1.1	1.1	0.6	7.8	301	3	2	0.5	11
매실절임	33	65.1	0.9	0.2	23.3	10.5	440	8700	12	0.4	0

*식품성분표 제8개정판, 농촌진흥청

3) 매실의 식품학적 의의

매실에 많이 함유된 구연산은 체내에 들어온 음식물이 에너지로 변하는 과정에서 젖산이 과잉 생산되는 것을 억제하고 칼슘의 체내흡수율을 높인다. 혈액 속에 젖산이 축적되면 세포의 노화, 피로 등의 증세가 나타난다.

구연산은 매실, 레몬, 귤 등에 많이 함유되어 있는데 특히 매실에는 구연산과 사과산이 다량 함유되어 있어서 구연산의 보고라 불린다. 또한 칼슘, 철분 및 비타민이 고루 들어있다. 따라서 매실 추출물 등 구연산을 많이 함유한 식품을 섭취하면 청량감과 산뜻한 맛을 느낄 수 있을 뿐만 아니라 많은 에너지를 생산하여 피로회복에 도움이 된다.

매실의 구연산은 해독작용을 하며 강한 살균력이 있어서 여름철 식중독 예방뿐만 아니라 이질이나 세균성 설사에도 효과가 있다. 그 외에도 매실은 식욕증진, 피부노화 방지, 정서안정, 고혈압 치료 등의 작용을 한다.

그러나 매실은 많은 유기산 때문에 그대로 먹기 어렵고 또 덜 익은 매실은 청산을 함유하는 아미그달린(amygdalin)이 들어 있어서 덜 익은 매실을 그대로 먹으면 중독이나 급성 설사를 유발한다.

하지만 소금에 절이거나 술을 담그는 등 처리를 하면 독이 없어지고 오히려 약효가 나타난다. 청산은 열매가 익어감에 따라 씨로 옮겨가며 싹이 충분히 나온 상태가 되면 자연히 소멸된다.

따라서 매실은 그대로 먹으면 많은 산 때문에 치아를 상하게 하고 중독을 일으키므로 생것을 많이 먹지 않는 것이 좋으며 먹더라도 독성이 없는 것을 먹어야 한다.

5~6월에 덜 익은 열매를 따서 약 40℃의 불에 쬐어 과육이 노란빛을 띤 갈색이 되었을 때 햇빛에 말리면 검게 변하는데 이를 오매(烏梅)라 하며, 한방에서는 수렴(收斂), 생진(生津), 지사(止瀉), 진해(鎭咳), 구충(驅蟲)의 효능이 있어 약재로 이용한다. 뿌리는 매근(梅根), 가지는 매지(梅枝), 잎은 매엽(梅葉), 씨는 매인(梅仁)이라 하여 역시 약용한다.

『동의보감』에 의하면 구토와 설사에는 매실을 소금에 절였다가 삶아서 국물을 서서히 마시면 멎는다고 하였다. 매실주는 가래와 기침, 소화불량, 장 질환, 피로회복 등에 좋다. 또 정장작용, 일사병에 특효가 있으며 여름을 타거나 식욕이 부진할 때 마시면 식욕이 돌아온다.

매실주는 물과 달리 알코올이 위에서 직접 흡수되기 때문에 매실 성분을 잘 흡수되도록 한다. 또 매실엑기스에 간장을 섞어 생선, 육류 등 고기를 구울 때 사용하면 비린내 등 고기 특유의 냄새가 없어진다.

5. 대추

1) 대추의 이용

대추(jujube)는 옛날부터 노화방지 식품으로 '대추를 보고 먹지 않으면 늙는다.'는 말이 있을 정도이다. 인류가 재배한 가장 오래된 과수 중의 하나이며 주로 약용으로 사용되어 왔다. 우리나라에서는 옛날부터 열매가 많이 열리는 대추를 다산(多産)의 상징물로 여겨서 새색시의 치마폭에 던져 아들을 많이 낳기를 기원하는 등 관혼상제와 손님대접에 빠뜨리지 않았다.

대추나무는 단단하여 판목(版木), 떡메, 달구지 등에 이용되었다. 그래서 모질고 단단하게 생긴 사람을 비유하여 '대추나무 방망이 같다.'고 하였다.

대추는 늦가을에 열매를 따는데 크기가 2~3㎝의 긴 타원형이며 푸른색을 띠는데 익으면 적갈색으로 변하며 단맛이 더 많아진다. 적갈색으로 변하면 생과일로도 먹지만, 말려두었다가 약재(藥材)나 떡, 약식, 삼계탕 등에 이용한다.

2) 대추의 성분

대추는 탄수화물이 주성분이며 과당, 포도당, 자당 등이 주요한 당이다. 그 외사과산, 구연산 등의 유기산과 탄닌, 사포닌 등이 함유되어 있다. 철분과 칼륨의 함량이 많으며 각종 수용성 비타민이 고루 함유되어 있고, 특히 생대추의 경우 비타민 C도 많이 함유되어 있다.

[표 4-5] 대추의 일반 성분

(가식부 100g 기준)

성분 식품	에너지 (kcal)	수분 (g)	단백질 (g)	지질 (g)	회분 (g)	탄수화물 (g)	무기질(mg)				비타민(mg)				
							칼슘	인	철	칼륨	A(RE)	B₁	B₂	나이아신	C
대추 생것	90	73.6	2.2	0.1	1.3	22.8	28	45	1.2	357	2	0.04	0.05	0.6	62
대추 마른것	299	17.2	5.0	2.0	2.1	73.7	18	116	1.8	952	1	0.13	0.06	1.1	8

*식품성분표 제8개정판, 농촌진흥청

3) 대추의 식품학적 의의

대추는 옛날부터 노화방지 효과가 있는 것으로 알려져 왔으며 그 외에도 자양강장효과, 빈혈 개선작용, 피부미용 개선작용, 축적된 노폐물의 이뇨작용 등이 있다.

특히 대추추출물은 스트레스성 위궤양 예방에 효과가 있으며, 대추의 생리활성 물질인 cAMP는 기관지 확장을 일으켜서 천식에 도움을 준다. 또 긴장으로

인한 스트레스를 완화하고 과민증을 풀어주는 작용을 하므로 신경쇠약과 히스테리에 정신안정제로 효과가 있다.

　한방에서 가장 많이 이용하고 있는 약재 중의 하나인 대추는 약물의 작용을 완화시키고 독성과 자극성을 낮춰 약을 먹기 좋게 하는 특성이 있어서 어느 한약재에 가미하여도 부담 없이 쓸 수 있다.

제2절 채소류 이용 식품

　우리 조상들은 곡물이 없어 생긴 굶주림을 '기'라 하고 채소가 없어 생긴 굶주림을 '근'이라 했다. 이처럼 오곡 외에 채소의 중요성을 강조하면서, 거주지 부근에 채소를 심어 일상의 반찬으로 이용하였다.

　채식 위주의 식생활을 영위해온 우리 민족은 농가뿐 아니라 청빈 사대부들도 생계의 수단으로 또는 여가선용의 일환으로 채소 가꾸기에 정성을 쏟았다. 특히, 자연환경, 사회경제적 영향 등에 의해 식량자원이 부족하여 야생식물도 많이 이용하게 되었다.

　채소는 독특하고 향긋한 풍미와 씹는 식감 등이 각각 달라서 우리 조상들은 단순한 섭취만이 아니라 그 특성을 음미하면서 즐겼으며, 과학적인 방법으로 저장하고 재배하였다. 또한 선택할 수 있는 채소와 산나물의 범위가 넓어 기호에 따라 원하는 종류를 이용하였고, 채소가 지닌 약리작용을 이용할 줄 알았으며 춘궁기나 식량 부족 시에는 구황식품으로 사용하는 슬기로움도 보였다.

　채소경작의 역사를 살펴보면, 통일신라에 이를 무렵 벼농사가 전면적으로 파급되어 주, 부식이 분리되고 곡물 이외에 채소들이 재배, 식용되었으며, 고려시대에는 숭불사상이 자리하면서 자연스럽게 채소류 재배가 증가되었다.

　조선시대에 이르러 각종 요리서에 채소요리법과 효능, 식용법, 저장법 등이 기록되었다. 조선시대 중기에 격식화된 반상차림의 음식조합에서도 2~3종의 채소를 사용한 나물이 이용되었다. 외국 품종의 도입은 1900년대 이후에 와서야 시작되었다.

1. 나물

먹을 수 있는 모든 풀을 나물이라고 하지만 실제로 나물이란 말의 쓰임새는 매우 넓고 다양하다. 사전적인 의미에서 나물은 식용할 수 있는 풀과 나무의 새싹, 잎, 뿌리를 말하며 여기에는 재배나물(남새, 채소), 산채나물(山菜), 들나물 등이 있다.

『음식디미방』에는 나물이 나지 않는 철에 나물 기르는 법을 설명하고 있다. "마구간 앞에 움을 파고 거름과 흙을 깔고 신감채(辛甘菜), 산갓(山芥), 파, 마늘을 심고 움 위에 거름을 더 퍼붓는다. 이렇게 하면 움 안이 더워서 그 속의 나물이 싹이 나서 자라는데, 이것을 겨울에 쓴다."는 것이다.

산채나물로는 도라지, 고사리, **두릅**, 고비, 버섯 등이 있고, 들나물로는 고들빼기, 씀바귀, 냉이, 쑥, 달래 등이 있다. 산나물이나 들나물 가운데서 즐겨 먹는 것은 겨울철에도 비닐하우스 재배나 온상재배를 하고 있어서 계절에 구애받지 않고 나물을 먹을 수 있다.

우리 겨레는 먹을 수 있는 산채를 식별해 내는 감식력이 일찍부터 크게 발달하였다. 따라서 산채를 식용하는 동아시아의 한국, 중국, 일본 가운데서 우리나라가 가장 많은 종류의 산채를 다채롭게 요리하고 있다. 한국요리에 있어서 채소요리는 크게 숙채류와 생채류로 나눌 수 있는데, 나물은 숙채(熟菜)류의 대표 요리라 할 수 있다.

채소를 데친 다음 참기름, 초, 장 등을 넣어 주물러 무친 것이 숙채, 즉 나물무침이다. 참기름은 비타민 A의 공급원인 카로틴 색소의 흡수를 돕는다. 숙채 요리는 한 번에 많은 양의 채소를 먹게 되므로 채소의 섬유질 등을 많이 섭취할 수 있는 조리법이다.

채소를 깨끗이 씻어 날로 먹는 것을 생채라고 하는데, 이것은 생채소를 초장, 초고추장, 겨자 등에 무친 것이다. 봄에는 식욕을 돋우는 산미식품(酸味食品)이 필요하므로 식초를 넣어 무친 생채(초채)를 즐겨 먹게 되고 채소의 각종 비타민은 춘곤증을 막아 준다.

1) 비름

비름(amaranth)은 집 주변에 흔히 나는 잡초의 일종으로 한해살이 풀이며 논밭이나 길가 등 여기저기 무성하게 자라는데 어린순을 나물로 먹는다. 옛날에는 여름철에 비름나물을 무쳐 먹어야만 더위를 먹지 않고 배탈이 나지 않는다고 하였다.

비름에는 참비름, 개비름, 털비름 등이 있다. 참비름은 잎이 작으면서 윤기가 나는 반면, 개비름은 잎이 크고 솜털이 많이 나 있으며 윤기가 없고 드세다. 나물로 먹는 비름은 참비름이다. 개비름도 먹을 수는 있지만 억세고 거칠어 거의 먹지 않는다.

이름이 비슷한 것으로 쇠비름이 있는데 쇠비름은 말의 이빨과 닮아서 마치현(馬齒顯)과에 속하며, 먹으면 장수한다고 해서 장명채(長命菜)라고도 하는데 비름나물과는 식물학적으로 다르다. 쇠비름도 나물로 먹을 수 있다.

비름[그림 4-3]은 잎과 줄기가 모두 녹색으로 고춧잎과 비슷한데 쇠비름[그림 4-4]은 줄기가 채송화처럼 붉으며 잎이 타원형으로 도톰하고 녹색이다. 경기도 사람들은 비름을 좋아하는데 비해 경상도 사람들은 쇠비름을 즐긴다.

[그림 4-3] 비름

[그림 4-4] 쇠비름

명대의 『농정전서(農政全書)』에는 어린 쇠비름나물을 씻어서 볕에 말려두었다가 먹을 때는 데쳐서 조미해 구황식물로 이용하였다고 한다. 이런 사실이 우리나라의 『임원십육지』에 인용되어 있다. 한편 명대의 『식물본초(植物本草 1488~1505)』에는 날 것을 먹을 때는 마늘과 함께 먹으면 좋다고 하였으니 날 것을 먹기도 한 것 같다.

비름은 칼슘과 철분, 비타민 A와 비타민 C가 많으며, 사포닌, 질산칼륨 등이 있다. 쇠비름에도 여러 가지 칼륨 종류와 노르아드레날린(noradrenaline) 등이 함유되어 있다.

비름은 동물실험에서 혈압강하 등 약리작용이 나타나고 있다. 한방에서는 독성이 없으며 기운을 보해주고 열을 내리고 장의 기능을 좋게 해주어 설사를 멈추게 한다고 했다.

쇠비름은 옛날부터 죽에 넣거나 나물로 먹을 뿐만 아니라 버짐이나 이질에 약으로 쓰여 왔다. 쇠비름의 약효는 함유되어 있는 수은 때문이라고 하는데 실제 쇠비름에서 수은을 얻는다는 것이 옛 문헌에 적혀 있으며 버짐의 치료에는 비름 잎을 붙여 두었다. 수은을 함유한 머큐롬이란 약은 살균제로 쓰이고 있다. 서양에서도 쇠비름을 민간요법으로 이용하였는데 소변을 잘나오게 하고 갈증을 없애고 뱃속의 기생충을 없앤다고 하였다.

2) 고사리

고사리(bracken)는 대표적인 산나물의 하나로 습기가 많은 곳에서 자란다. 고사리과의 다년생 양치식물로 우리나라 전역에 분포되어 있지만 특히 제주도 한라산 일대에 많이 야생하고 있다.

봄에 잎이 아직 피지 않은 주먹 형태의 어린 싹을 삶아서 물에 담가 쓴맛과 떫은맛을 우려낸 후 말려서 저장한다. 말린 고사리[그림 4-5]는 나물 또는 국거리로 쓰며 뿌리의 전분은 흉년이 들었을 때 비상식량으로 이용하였다.

[그림 4-5] 말린 고사리

마른 고사리에는 주성분으로 탄수화물이 약 54%, 단백질이 26% 정도 함유되어 있고, 섬유질은 약 58g 정도로 비교적 많다. 그 외 인, 철, 칼륨 등의 무기질과 비타민 A, 비타민 B_1, 비타민 B_2, 나이아신 등이 다소 함유되어 있다. 생고사리에는 비타민 C가 소량 함유되어 있으나 마른 고사리에는 비타민 C가 없다[표 4-6].

[표 4-6] 각종 나물의 일반 성분

(가식부 100g 기준)

나물	성분	에너지(Kcal)	수분(g)	단백질(g)	지질(g)	회분(g)	탄수화물(g)	총식이섬유(g)	무기질(mg)				비타민(mg)				
									칼슘	인	철	칼륨	A(RE)	B₁	B₂	나이아신	C
비름		33	89.0	3.3	0.8	1.8	5.1	2.3	169	57	5.7	524	429	0.05	0.09	0.6	36
고사리	생것	19	93.0	4.3	0.2	0.7	1.8	2.0	17	59	0.4	374	3	0.14	0.14	0.3	2
	마른것	261	12.2	25.8	0.6	7.2	54.2	58.0	188	246	6.4	2879	32	0.11	0.51	7.4	0
	데친것	26	91.8	3.2	0.3	0.3	4.4	5.1	15	40	1.4	185	7	0	0.02	0	0
더덕		78	76.7	2.9	0.1	0.8	19.5	5.2	24	130	1.5	308	0	0.16	0.11	0.7	11
도라지		74	77.8	2.0	0.1	0.9	19.2	4.7	45	70	1.3	302	2	0.02	0.06	6.0	14
미나리		21	93.4	1.0	0.2	0.8	4.6	2.6	130	62	1.0	336	9	0.07	0.17	0.5	27
두릅		26	91.1	3.7	0.4	1.1	3.7	2.1	15	103	2.4	446	67	0.12	0.25	2.0	15

*식품성분표 제8개정판, 농촌진흥청

『동의보감』에 의하면 고사리를 오래 먹으면 눈이 침침해지고 다리 힘이 약해지며 양기를 떨어뜨린다고 한다. 고사리에는 비타민 B_1을 분해시키는 티아미나제(thiaminase)가 함유되어 있어서 이 증상은 비타민 B_1 결핍증세로 추측된다.

티아미나제는 열에 강해서 100℃로 가열해도 파괴되지 않으며 햇볕에 건조시켜도 파괴되지 않는다. 그러나 물과 알코올에는 용해가 잘 된다. 우리는 고사리를 날것으로 먹지 않으며 삶아서 물에 오랫동안 우려서 먹는데 이것이 독성을 제거하는 지혜로운 방법이었다.

고사리는 비타민 B_1 분해효소 뿐만 아니라 발암성물질인 부타키로사이드(butaxiloside)가 있어서 동물실험에서 종양이 발생했으며, 청산 배당체인 프루나신(prunasin) 등이 검출되었다. 유럽에서는 옛날부터 소가 고사리를 먹으면 혈뇨증이나 방광종양 등의 고사리 중독을 일으킨다는 것이 알려져 있다.

그러나 이런 독성물질들은 우리식의 조리 방법에서는 문제가 되지 않는다. 고사리의 유독성분은 수용성이어서 물에 우리는 동안에 거의 제거되며 또 열처리하거나 소금절이에 의해서도 무독화된다.

고사리는 섬유질이 많아서 변비를 없애며 민간에서는 석회질이 많아서 뼈와 치아를 튼튼하게 한다고 믿었다. 고사리를 달인 물은 이뇨와 해열작용에 이용되었으며 뿌리는 구충제로 이용되었다.

3) 더덕

더덕(dodok)은 초롱꽃과의 다년생 덩굴식물로 사삼(沙蔘), 백삼(白蔘)이라고도 부른다. 해묵은 더덕은 산삼에 버금가는 약효가 있다고 해서 붙여진 이름이다. 우리나라, 중국, 일본, 대만 등에 널리 분포되어 있으며 깊은 산의 숲 속에서 자란다. 『해동역사』에 보면 고려시대에 더덕을 나물로 먹었다는 기록이 있어서, 그전부터 더덕을 먹어왔을 것으로 추정되며, 고려시대의 대표적인 나물로 먹었음을 짐작케 한다. 더덕은 원래 야생에서 채취하였으나 지금은 재배 더덕도 많이 생산되고 있다.

더덕은 수분이 76.7%이며 탄수화물 19.5%, 단백질 2.9%, 섬유소 5.2%, 그외 칼륨, 칼슘, 인, 비타민 B_1, 비타민 B_2 등이 함유되어 있다. 생리활성 물질로는 사포닌, 이눌린, 스티그마스테롤 등이 있다.

더덕의 주된 유리당은 과당이며 그 외 포도당과 자당이 함유되어 있다. 맥아당은 재배 더덕에만 약 0.18% 정도 들어있다. 아미노산은 약 16종인데 그중 아르기닌이 가장 많고 글루탐산, 아스파르트산 등도 비교적 많이 들어있다.

[그림 4-6] 더덕

지방산 조성은 리놀레산이 가장 많으며 그 다음으로 팔미틱산, 리놀레닌산이 많다. 이 세 가지가 주요 지방산으로 전체의 60~90%를 차지한다. 재배 더덕,

야생 더덕의 조사포닌(crude saponin) 함량은 각각 1.56%, 1.31% 정도이다. 더덕에는 약리성분인 사포닌이 많이 들어있는 것이 특징이다.

더덕은 섬유질이 많아 정장효과와 변비예방뿐만 아니라 혈장 콜레스테롤 저하, 혈압강하, 항균작용, 중금속 흡수 억제 등의 작용을 한다. 또 갑상선암과 폐암에 효과가 있는 항암작용을 하며, 건위제와 자양강장제로 유용하다. 더덕은 감기 등 호흡기질환에 좋으며 옛날부터 폐결핵, 기관지염, 해소병 등 호흡기질환의 거담제로 사용되었다.

또 오래 먹으면 얼굴에 잔주름이 없어지고 피부에 탄력이 생긴다고 하며, 물에 체했을 때 특효이고, 해독작용이 있어 뱀에 물렸을 때 더덕을 달여서 마시면 독이 배출된다고 한다.

4) 도라지

도라지(root of bellflower)는 초롱꽃과의 여러해살이풀로서 주로 뿌리를 채취하여 먹지만 봄에 어린잎과 줄기를 나물로 먹기도 한다. 자주색과 흰색 꽃이 피는데 흰색 꽃이 피는 백도라지가 식용이나 약용으로 더 좋다고 알려져 있지만 규명된 것은 아니다.

도라지는 당분과 섬유질이 많고 칼슘과 칼륨이 풍부한 알칼리성 식품이며 사포닌이라는 약효성분이 들어 있어 약리작용을 나타낸다.

[그림 4-7] 도라지꽃

유리당으로는 포도당, 과당, 맥아당이 있으며 아미노산은 아르기닌이 가장 많다. 지방산은 팔미트산, 스테아르산, 리놀레산 등이 많다. 주요 무기성분으로 칼슘, 마그네슘, 칼륨, 나트륨, 인 등이 함유되어 있으며 유기산은 주석산이 가장 많고 수산, 구연산 등이 있다.

도라지의 생리활성 물질은 사포닌과 스테롤(sterol), 이눌린(inulin), 플라티고딘 (platycodin) 등이다. 이 중 사포닌과 플라티고딘은 도라지의 아리고 쓴맛 성분인데 진해, 거담, 편도선염, 항궤양, 항염증, 해열, 진통 등의 약리작용이 있음이 밝혀져 옛날 한방이나 민간요법이 경험의학으로서 정확했다는 것을 알 수 있다.

또 민간에서는 인삼 대신 보약으로 이용하기도 하였으며 두통, 위염, 간경변증, 수두 등의 약으로도 쓰였다. 도라지는 보통 2~3년째에 수확하는 것이 일반적이나, 약재로는 5년이 넘은 것이 약효가 좋다고 한다.

가을철에 수확하면 쓴맛이 있기 때문에 주로 봄, 여름에 수확한 것을 식용으로 한다. 도라지를 생약으로 이용할 때는 뿌리의 껍질을 벗기거나 그대로 말려서 쓰는데 이것을 길경(桔梗)이라고 한다. 도라지의 아린맛은 하루 동안 침수하면 16~30% 정도 용출되며 삶을 경우는 수침할 때보다 오히려 용출량이 적다.

5) 미나리

미나리(water dropwort)는 미나리과의 여러해살이풀로 우리나라 전역의 습지에서 돌미나리로 자생하거나 물을 덴 논(미나리꽝)에서 재배한다. 줄기 밑 부분에서 가지가 갈라져 옆으로 퍼지고 가을에 기는줄기의 마디에서 뿌리가 내려 번식한다. 야생미나리는 잎과 자루가 갈색인 것이 많고 재배미나리는 전체가 녹색인 것이 많다. 우리나라에서는 경남, 광주 등 주로 따뜻한 지방에서 많이 재배한다.

[그림 4-8] 미나리꽝

미나리는 다른 채소에서 맛보지 못하는 독특한 향취가 있어 우리나라 사람들이 가장 좋아하는 향채 중의 하나이다. 복어국과 잘 어울려 복어국에는 미나리

가 꼭 들어간다. 그 외 미나리강회, 나물, 탕평채 등에 이용된다.

미나리에는 다른 채소에 비해 칼슘, 칼륨, 베타-카로틴(β-carotene), 비타민 C 등의 함량이 많다. 단백질로 알부민이 가장 많으며, 아미노산은 16종이 확인되었다. 대표적인 것은 아스파르트산과 글루탐산, 아르기닌 등이다. 잎과 줄기의 영양성분을 비교해 보면 무기질, 비타민 C, 총아미노산, 클로로필 등의 함량이 줄기보다 잎에 더 많았다.

미나리의 독특한 향기는 하이드로카본(hydrocarbon)류, 알코올류, 알데하이드(aldehyde)류, 에스터류 등으로 이루어졌으며 향기 성분의 함량도 잎이 줄기보다 2배 정도 많다. 또 시기적으로도 차이가 있는데 8월의 미나리가 1월의 미나리보다 향기 성분이 많다. 미나리를 데치거나 삶으면 향기 성분의 함량은 더 많아진다.

미나리의 생리활성 물질인 플라보노이드는 알코올 대사에 관여하는 효소계의 활성을 유도하여 알코올을 분해하는 작용이 있으며, 돌연변이 생성을 저해하고 간의 독성물질을 해독하는데 영향을 미쳐 간을 보호하는 작용을 한다.

한방에서 미나리의 약재를 수근(水芹)이라고 하는데 가을에 채취한 미나리를 햇볕에 말려 잘게 썰어서 사용한다. 수근은 고열로 가슴이 답답하고 갈증이 심한 증세에 열을 내리는 해열효과가 있고, 이뇨작용이 있어 부기를 빼 주며 황달에 좋고 강장과 해독 효과도 있다.

6) 두릅

두릅나무는 두릅나무과에 속하는 낙엽교목으로 우리나라 전역의 야산이나 큰 나무가 많지 않은 계곡에서 자생하며 줄기에는 날카로운 가시가 있다. 4월 중순에서 5월 초순경 줄기 끝에서 돋아나는 새순을 채취하여 식용한다.

두릅(bud of aralia)은 봄나물 중 가장 맛이 좋은 산채로 꼽히며, 나뭇가지 끝에 달리는 산채란 뜻으로 목두채(木頭菜)라고도 하였다. 자연에서 자생하는 두릅은 4월이 되어야 채취할 수 있다. 요즘은 한겨울에도 온상에서 재배한 두릅이 생산되고 있는데 줄기를 땅에 심고 물과 온도를 맞추어 주면 순이 나오며 순은 한 줄기에서 4~5번 채취할 수 있다.

두릅은 참두릅[그림 4-9], 개두릅[그림 4-10], 땅두릅[그림 4-11]이 있다. 참두릅은 두릅나무의 순으로 우리에게 가장 익숙한 것이다. 개두릅은 엄나무의 순으로

엉개나물로 알려져 있는데 나무껍질에 센 가시가 촘촘히 붙어있다. 잎은 두릅보다 넓으며 단풍잎과 비슷하여 쌈을 싸먹기도 한다. 쌉쌀한 맛이 강하여 뒷맛이 오래남고 입맛을 돋우어 준다. 땅두릅은 나무의 순인 참두릅, 개두릅과 달리 다년생 풀이며 모양, 맛, 향이 다르다. 땅에서 나는 두릅이라 하여 땅두릅이라고 하는데 봄에 돋아나는 순이 흡사 두릅같다. '독활(獨活)'이라 부르기도 하는데, 독활은 한약재로 쓰이는 땅두릅 뿌리를 말한다.

[그림 4-9] 참두릅

두릅은 다른 채소에 비해서 단백질과 회분이 많고 비타민 C도 많은 편이며 아미노산의 조성도 좋다. 또한 인, 철 등 무기질도 고루 들어 있어 영양적으로 우수한 식품이라 할 수 있다. 당은 포도당, 아라비노오스, 람노스 등이 있으며 생리활성 물질은 사포닌, 스테롤, 리놀레닌산, 콜린 등이 들어 있다.

[그림 4-10] 개두릅

두릅의 사포닌은 자연산이 온상에서 재배한 것보다 함량이 많으며 또 잎이 자랄수록 함량은 증가한다. 그러나 가열하면 감소한다.

두릅은 다른 봄나물과 마찬가지로 클로로필을 많이 함유하고 있어 콜레스테롤을 강하시키는 작용을 하며, 또 카로테노이드를 많이 함유하고 있어 폐암 등에 항암효과를 가진다. 이것은 클로로필과 카로틴(carotene) 함량이 많은 진한 녹색채소에서 볼 수 있는 기능성이라고 할 수 있다.

[그림 4-11] 땅두릅

두릅의 생리활성 물질인 콜린은 많이 함유된 것은 아니지만 일단 체내에 들어오면 활성형으로 작용하여 간장에 지질이 침착되는 것, 지질의 변성, 동맥경화증 등을 억제하여 간장을 보호한다.

두릅나무의 껍질을 벗겨서 말린 것을 '총목피'라 하고 뿌리의 껍질을 '총근피'라 하며 한방에서 약재로 이용된다. 한방에서는 두릅이 강장제나 신경안정제로 쓰이며 신경불안, 류머티즘성 관절염 등에 처방, 배합된다. 식욕촉진제로도 쓰이며 혈당치를 낮춰 당뇨병에 효과가 있다. 민간에서는 두릅나무 가시를 달여 먹으면 고혈압에 효과가 있다고 알려져 있다.

이 외에도 신장병, 위궤양, 급만성간염, 고혈압, 신경통 등의 성인병 예방과 치료에 좋으며 미용과 다이어트에도 좋은 식품이다. 그러나 두릅은 냉한 식물이므로 많이 먹으면 설사나 배탈이 나기 쉽다.

두릅은 신선한 향과 더불어 약간의 단맛이 나기 때문에 살짝 삶아서 초고추장에 찍어 먹는 두릅회로 먹으면 좋다. 쓴맛과 매운맛이 약간 나지만 물에 담가 두거나 살짝 데치면 없어진다.

2. 쌈

고구려 때에 상추쌈을 많이 먹었다는 기록이 있는 것으로 보아 우리나라 쌈의 역사는 삼국시대까지 거슬러 올라갈 만큼 오래되었다.

18세기 조선 영조 때 실학자 이익의 『성호사설(星湖僿說)』에는 "채소 중에 잎이 큰 것은 모두 쌈을 싸서 먹었는데 상추쌈을 제일로 여긴다."고 했다. 19세기 작자 미상의 책에 보면 상추쌈뿐만 아니라 곰취쌈, 깻잎쌈, 피마자잎쌈, 호박잎쌈, 배추쌈, 김치쌈 등 잎이 큰 것이면 모두 쌈이 됐다.

흔히 쌈이라고 하면 상추, 쑥갓, 깻잎, 배춧잎 정도를 떠올리지만, 훨씬 더 다양한 종류가 있다. 호박잎, 머위잎, 미나리잎, 산 씀바귀, 고춧잎, 소루쟁이(또는 소리쟁이)잎, 아주까리잎, 콩잎, 우엉잎 등이 있고, 살짝 데친 미역이나 다시마도 맛있는 쌈 재료이다.

쌈은 국, 찌개, 김치와 함께 한국음식의 상징적인 것이다. 쌈의 발달은 채소가 다양하고 풍부하기 때문인데, 밭작물은 말할 것도 없고 산과 들의 무한한 나물들을 먹거리로 발굴해 쌈으로 이용하였다.

1) 상추쌈

상추(lettuce)는 다양한 쌈 재료 중 단연 으뜸으로 꼽히는 채소로 늦봄이 제철이지만 온상재배로 사시사철 식탁에 오르고 있다.

(1) 식문화사적 배경

상추는 재배 역사가 매우 오래 되어 기원전 4500년경의 고대 이집트 피라미드 벽화에 작물로 기록되었다. 기원전 550년에 페르시아 왕의 식탁에 올랐다는 기록도 있고, 그리스, 로마 시대에도 중요한 채소로 재배하였다고 한다.

중국에는 당나라 때인 713년의 문헌에 처음 등장한다. 한국에는 연대가 확실하지 않으나 중국을 거쳐 전래되었는데, 중국의 문헌에 고려의 상추가 질이 좋다는 기록이 있다.

조선 영조 때 한치문이 적은 『해동역사』에 의하면 "무와 함께 이 땅에 상추를 처음 들여온 이들은 고구려 사람인데 고구려 사신이 수(隨)나라에 들어갔다가 상추씨를 구입했는데 어찌나 비싼 값을 주었는지 천금채(千金菜)란 별명이 붙었으나 나중에는 고구려 특산물이 되었다."는 것이다.

『성호사설』에 의하면 "고려의 생채는 맛이 매우 좋고, 버섯의 향이 뒷산을 넘는다. 고려 사람은 생채 잎에 밥을 싸서 먹는다."고 기술하고 있듯이 고려에서도 '쌈싸기'를 했음을 알 수 있다.

상추는 국화과에 속하는 1년생과 2년생의 초본으로, 주로 샐러드나 쌈을 싸 먹는데 이용되고 겉절이로도 먹으며 독특한 식감이 있어서 생식으로 상용되는 채소인데 우리나라에서는 삼국시대부터 이용되어 왔다.

현재는 한국, 중국, 일본, 미국, 영국 등 넓은 지역에서 재배되는데, 품종이 많이 분화되어 크게 결구상추, 잎상추, 배추상추, 줄기상추의 네 가지 변종으로 나뉜다. 한국에서는 주로 잎상추를 심으나 최근에는 결구상추도 많이 심는다.

상추는 생육기간이 짧고 내한성이 비교적 강하여 씨를 뿌린 채 방치하여도 잘 자라고 필요한 때에 수시로 잘라먹을 수 있으므로 가정용 채소로 편리하다.

(2) 상추의 성분

상추는 잎의 색에 따라 영양소의 함량이 다소 다르나 대체로 무기질과 비타민이 풍부하며 특히, 철분의 함량이 다른 채소에 비해 많다. 녹황색 채소로서 비타민 A가 비교적 많고 비타민 C의 함량은 적은 편이다. 나트륨, 칼륨, 불소 등도 함유되어 있다. 아미노산 중 류신과 발린 함량이 다른 채소보다 많으며, 당류는 대부분이 포도당이다. 주요 유기산으로는 사과산, 주석산, 수산 등이 있다.

[표 4-7] 상추의 일반 성분

(가식부 100g 기준)

성분\식품	수분(g)	단백질(g)	지질(g)	회분(g)	탄수화물(g)	무기질(mg)				비타민(mg)				
						칼슘	인	철	칼륨	A(RE)	B₁	B₂	나이아신	C
잎상추(청)	95.5	1.1	0.3	0.7	2.4	41	20	1.5	379	172	0.09	0.10	0.3	11
잎상추(적)	92.9	1.1	0.2	1.3	4.5	118	52	2.7	207	84	0.13	0.09	0.4	26
결구상추(청)	96.7	0.6	0.1	0.5	2.1	47	14	1.6	409	191	0.07	0.08	0.3	5
로메인(청)	90.6	1.8	0.2	1.0	6.4	84	33	8.7	222	183	0.23	0.16	0.4	45

*식품성분표 제8개정판, 농촌진흥청

상추의 줄기를 절단하면 유백색의 점액이 분비되는데 이 점액에는 쓴맛을 내는 렉투코피크린(lactucopicrin)과 락투신(lactucin)이 있어 최면작용을 하며, 페놀 성분이 함유되어 있어 갈변의 원인이 된다.

(3) 상추쌈의 식품학적 의의

상추는 주로 생식으로 많이 먹는데 이것은 상추가 다른 채소류에 비해서 해충의 번식이 적기 때문이며 이것은 상추의 성분과 관계가 있는 것으로 보인다. 또 날것으로 이용하기 때문에 조리에 따른 영양소의 손실은 적다.

상추의 유액 성분은 진통, 마취, 진정 작용이 있어 불면증과 신경과민증에 도움이 되며 상추쌈을 많이 먹으면 졸음이 오기도 한다. 상추에는 철, 구리, 마그네슘 등 빈혈과 관계있는 무기질이 있어 빈혈을 치료하며 섬유소가 많아서 변비에 효과가 있다. 또 이뇨작용, 간장보호작용, 해독작용 등이 있다. 옛날에는 산모가 젖이 부족할 때 상추쌈을 먹으면 유즙분비가 원활해진다고 했다.

2) 깻잎 쌈

깻잎(perilla leaf)이라 하면 들깨 잎을 가리킨다. 들깨는 참깨와 같이 지질의 함량이 많아서 기름을 착유해서 나물무침 등에 이용하거나 가루를 내어 식품에 넣어 먹기도 한다.

들깨는 불포화지방산이 많아 요오드가(Iodine Value)가 약 200으로 식물성지방 중 가장 높다. 특히 리놀레닌산 50%, 리놀레산 33%, 올레인산 11%로 다불포화지방산 함량이 상당히 높아서 산패되기 쉽다.

따라서 신선한 것을 먹어야 제대로 된 향과 맛을 느낄 수 있으므로 갈아서 둔다거나 온도가 높은 곳에 보관하면 곧 변질된다. 그러나 ω-3 계열의 리놀레닌산 함량이 많아서 우수한 기능성을 가지고 있다.

들깻잎은 들깨에 비해서 비타민 A와 비타민 C의 함량은 많으나 칼슘, 인, 철 등 무기질은 들깨에 비해서 적은 양이다. 그러나 일반 채소에 비해서는 비타민과 무기질이 많은 양이어서 이들 영양소의 공급으로 좋은 식품이다.

[표 4-8] 들깨와 들깻잎의 일반 성분

(가식부 100g 기준)

성분 / 식품	에너지 (kcal)	수분 (g)	단백질 (g)	지질 (g)	회분 (g)	탄수화물 (g)	무기질(mg)				비타민(mg)				
							칼슘	인	철	칼륨	A(RE)	B₁	B₂	나이아신	C
들깨 (마른것)	501	5.9	16.9	33.4	3.8	39.9	750	565	6.1	605	미량	0.42	0.16	7.6	0
들깻잎	41	86.2	4.0	0.4	1.5	7.9	211	72	2.2	389	1524	0.09	0.45	0.9	12

*식품성분표 제8개정판, 농촌진흥청

들깻잎의 독특한 냄새의 주성분은 퍼릴라케톤(perilla ketone)이며, 그 외 퍼릴라알데하이드(perilla aldehyde) 등이 있다.

옛날 의학서들에 의하면 들깻잎은 피부와 안색을 좋게 하고 소화를 도와주며, 구토증이 있는 기침과 담이 있는 기침을 그치게 하며, 또 속을 편안하게 하며 냄새를 없애준다고 한다. 가축들이 깻잎의 냄새를 싫어하여 가축의 접근을 막는데도 이용되었다고 한다.

3) 머위잎 쌈

머위(butterbur)는 국화과의 여러해살
이풀로 논둑, 밭둑, 들판, 집마당 다소
습기가 있는 곳에서 잘 자란다. 잎자루
는 산채로서 식용으로 하고, 꽃 이삭은
식용 또는 진해제로 사용한다. 머위는
그동안 자연에서 채취하여 봄에 주로
맛볼 수 있었으나 최근 일부에서 재배
하기 시작하여 계절에 상관없이 먹을
수 있다.

[그림 4-12] 머위 쌈

머위에는 비타민과 무기질이 골고루 들어 있으며 특히 칼슘, 인, 비타민 A, 나
이아신, 비타민 C 등이 많은 편이다. 따라서 이른 봄에 어린잎을 먹는 머위는 춘
곤증을 막아주는 식품이라 할 수 있다. 또 콜린, 베타–시토스테롤(β–sitosterol),
페타신(petasin), 쿼세틴(quercetin) 등의 생리활성 물질이 있다.

[표 4-9] 머위의 일반 성분

(가식부 100g 기준)

성분 식품	에너지 (kcal)	수분 (g)	단백질 (g)	지질 (g)	회분 (g)	탄수화물 (g)	무기질(mg)				비타민(mg)				
							칼슘	인	철	칼륨	A(RE)	B₁	B₂	나이아신	C
머위잎 자루	32	88.9	3.5	0.4	1.7	5.5	88	68	2.6	550	754	0.03	0.17	1.5	28

*식품성분표 제8개정판, 농촌진흥청

머위는 페놀류가 많아 쓴맛과 떫은맛이 나는데 옛날 어른들은 이 맛이 입맛을
돋운다고 하여 식욕이 떨어졌을 때 머위를 먹었다. 영양면에서 보면 머위는 저
칼로리 식품이지만 맛에 있어서는 오히려 특유의 쓴맛과 향을 즐기는 식품이다.

머위 잎에 있는 헥사놀(hexanal)은 강한 항균작용을 한다. 머위는 기관지천식,
기침, 해열, 가래, 현기증, 진통 등에 효과가 있는 것으로 알려져 있으며, 유럽에
서는 항암치료약으로 인정되고 있다. 머위의 뿌리는 독을 없애는 작용을 한다.

머위는 잎뿐만 아니라 줄기에도 잎에 못지않은 영양성분이 함유되어 있으며
함량의 차이가 있을 뿐 성분은 매우 유사하다.

제3절 과채류 발효식품

1. 김치

1) 식문화사적 배경

김치는 채소에 젓갈과 양념, 향신료를 가미한 특수발효 식품으로, 우리나라에서 개발한 고유한 채소염장 음식이며 우리 식탁에서는 빼놓을 수 없는 식품이다. 채소 발효식품으로는 중국의 엄채, 일본의 쓰께모노, 서양의 피클과 사우어크라프트(sauercraft) 등이 있다.

그러나 우리 김치는 영양성분이 풍부하고 발효과정 중에 생성된 유기산의 상쾌한 맛과 특유의 발효미, 아삭아삭한 질감 등이 조화를 이룰 뿐만 아니라 건더기와 국물을 같이 먹을 수 있도록 가공된 것으로 다른 나라의 채소 발효식품과는 큰 차이가 있다.

우리나라 문헌에 최초로 김치가 등장한 것은 고려 중엽 이규보의『동국이상국집(東國李相國集)』에 장아찌와 소금 절임의 형태인 '지(漬)'가 실려 있다. 그러나 그 이전인 삼국시대와 통일신라시대에도 김치류를 이용해 왔다는 것을 여러 자료를 통해 추측할 수 있다.

김치의 발달은 처음에는 소금에 절인 것, 소금과 술 또는 술지게미에 절인 것, 소금과 쌀죽을 섞은 것이나 장류에 절인 것 등으로 장아찌 형태의 단순한 방법으로 시작하였다. 그 후 통일신라시대와 고려시대에 이르러 장아찌에 동치미, 나박김치 등의 물김치류가 더해졌다. 이런 배경에는 채소류, 양념류, 향신료 등 재료의 다양화, 육식의 절제로 인한 채식 위주의 식사, 한국인의 기호적 성향 등이 작용한 것으로 볼 수 있다.

고려시대의 김치는 고추가 없어서 비린내가 나는 젓갈이나 육류를 쓰지는 않았을 것이다. 비록 김치란 말이 나타나기는 하였으나, 오늘날의 김치와는 다르게 소금을 뿌린 채소에다 마늘 같은 몇 가지 향신료만을 섞어서 재움으로 채소의 수분이 빠져 나오고, 채소 자체는 소금물에 침지(沈漬)되는 형태이거나 동치미처럼 소금물의 양이 많으면 침전되는 형태였을 것이다.

고추가 우리나라에 전래된 시기는 여러 가지 설이 있어 정확하게는 알 수 없지만 대개 임진왜란(1592~1598)을 전후한 시기로 추정한다. 우리나라 최초의 백과사전이라고 할 수 있는 『지봉유설(1614)』에는 "고추가 일본에서 건너와서 요즘 재배하고 있는 것이 간혹 눈에 띈다."고 고추의 도입에 대해서 최초로 언급하였다.

1766년에 나온 『증보산림경제』에 처음으로 김치에다 고추를 넣은 기록이 있다. 그 후 『규합총서』, 『임원십육지』, 『동국세시기』 등으로 내려오면서 다양한 김치의 종류와 담그는 방법들이 소개되고 있다.

오늘날에는 배추 통김치가 주된 김치이고 보편적이지만 좋은 배추가 나오기 이전에는 무, 오이, 가지, 동아, 갓, 부추 등이 주재료였다. 이전의 배추는 작고 속이 알차지 않아서 즐겨 이용하지 않았다.

오늘날과 같은 속이 찬 결구배추의 품종 개발이 성공한 것은 19세기말 경이고 이쯤부터 배추가 김치의 주재료로 정착하였다. 이 과정에서 상고시대에 담그던 저채(菹菜)류는 조선시대 중기 이후로 김치의 위치에서 밑반찬의 성격인 장아찌로 독립되었다.

이러한 발달과정을 거친 김치는 학계의 꾸준한 연구 결과로 그 영양 생리적 우수성이 소상히 밝혀졌으며, 근래에 와서는 술 깨는 김치, 칼슘김치, DHA 김치, 한방김치, 인삼김치 등 각종 기능성 김치들이 개발되고 있다.

김치는 86' 아시안게임과 88' 서울올림픽을 통해 점차 해외에도 널리 알려지게 되었는데, 오늘날에는 우리나라를 대표하는 민족음식으로 전 세계에 알려져 있다.

때마침 서양에서는 동물성식품의 과잉섭취로 각종 심각한 질병이 발생하여 채식주의 운동이 일어나기 시작했다. 또 각종 전염병 예방에도 김치의 효과가 인정되고 있는 등 이로 인해 김치의 가치가 재발견되기 시작하였다.

또한 해외교포들은 대를 이어가며 김치를 섭취할 뿐만 아니라 주변의 외국인 친구들에게 소개하고 있다. 이런 여러 가지 요인들 덕분에 김치의 위상은 날로 높아지고 있다. 아울러 김치의 가공, 포장 기술도 나날이 발전을 거듭하여 수출이 더욱 활기를 띠고 있는 실정이다.

2) 김치의 재료

김치의 재료는 주재료와 부재료, 향신료, 조미료 등이다. 주재료는 대부분 식물성 재료들이나 특수한 김치의 경우 생선이나 육류 등 동물성 재료도 있다. 부재료로는 갓, 미나리 등의 채소류와 배, 밤, 잣, 은행 등의 과실류, 찹쌀, 밀가루 등의 곡류, 굴, 새우, 황새기, 갈치, 쇠고기 등의 육어류 등이 있다. 향신료에는 마늘, 파, 고춧가루, 생강 등이 있으며, 조미료에는 소금, 간장, 설탕 등과 젓갈류가 있다.

(1) 김치의 주재료와 시대별 변화

오늘날의 김치 주재료는 단연 배추이다. 그러나 배추가 김치의 주재료로 이용된 것은 불과 100년 남짓이다. 삼국시대 이래 고려시대까지는 무, 오이, 가지, 죽순, 갓 등이 김치의 원료로 이용되었다. 조선 초기에는 배추(原始形)가 추가되었으나 무, 오이, 가지, 배추 순으로 이용되었고 조선 중기에는 무, 오이, 배추, 가지의 순으로 바뀌었다.

조선 말기에 이르러 배추의 육종사업이 지속되는 가운데 김치 원료의 사용빈도가 무, 배추, 오이로 변화하는 한편 가지가 주원료에서 밀려났다. 그 후 한말(韓末)에 결구배추가 육종되었고 배추재배가 보편화되면서 김치 원료는 배추, 무, 오이로 순서가 뒤바뀌면서 오늘에 이르렀고, 그 밖의 채소류는 별미 김치로 이용되고 있다.

(2) 김치의 각종 부재료

우리나라 김치의 특성은 주재료인 채소에 어육을 같이 넣어서 식물성 재료와 동물성 재료의 조화를 꾀한 것이다. 젓갈 이외에 굴, 갈치, 쇠고기 등 생어육을 넣기도 한다. 또 채소보다는 육류와 어류를 주재료로 한 김치도 담았는데, 대표적인 것이 굴깍두기, 전복김치, 꿩김치, 닭깍두기 등이다.

그 외 갓, 미나리, 무 등의 채소류와 밤, 잣 등의 각종 견과류를 넣어서 김치의 속을 채웠다. 이렇게 다양한 재료들은 김치의 맛과 영양을 풍부하게 해준다. 또 열무김치, 풋김치 등에는 밀가루죽, 찹쌀죽 같은 곡물죽을 넣어 김치에 풍미를 더하였다.

(3) 향신채류

우리나라 김치의 또 하나의 특성은 단순한 염지식 침채법이 아닌 향신채류와 각종 양념을 곁들인 침지를 한다는 것이다. 고려시대에 이미 양념침지법이 정착 되고 있었으며, 조선 초기까지 파, 마늘, 생강이 주축을 이루면서 갓, 미나리, 산 초, 부추 등이 양념으로 추가되었다. 이와 같이 맵고 향기로운 향신채류를 양념 으로 곁들여 온 탓에 조선 중기에 들어온 고추를 양념으로 이용하는 것이 자연 스러웠다.

한 말 이후 고추 양념이 점차 적극적으로 이용되면서 이때까지의 김치는 '백김 치'로 남게 되었고, 고추를 넣은 김치가 '김치'로 급부상하여 오늘날에는 고추, 파, 마늘, 생강 등이 김치 양념의 주가 되었다.

(4) 소금

소금 절임은 소금의 삼투작용에 의해 채소 내외의 삼투압이 차이가 나면서 생 기는 것으로 침투와 확산에 의한다. 채소의 수분과 소금용액이 서로 교환되어 소금은 재료내로 흡수되고 채소의 수분은 탈수된다. 이 과정에서 세포 원형질이 분리되어 세포가 사멸된다.

따라서 소금 절임을 하면 양념 등이 쉽게 침투해 들어갈 수 있으며 섬유질이 유연해져 아삭아삭한 질감을 준다. 또 산소의 용해도를 감소시켜 젖산균 등의 생장이 왕성하게 된다. 이렇게 발효가 진행되는 한편 호기성세균과 비호염성세 균의 생육은 억제되고 수분활성도가 낮아져서 저장성이 높아진다.

소금의 농도가 10% 정도이면 대부분의 미생물이 억제되고, 20%에 이르면 거 의 모든 미생물이 활동하지 못하여 채소를 수년간 저장할 수 있다. 그러나 10% 이상이면 그대로 먹을 수 없을 정도로 짜다.

소금의 농도를 적당히 낮추면 젖산균은 밖으로 빠져 나온 채소의 세포내 성분 을 영양원으로 하여 젖산발효를 하게 되며 이 때 생성된 산이 방부효과를 도와 소금의 농도가 낮아도 저장성이 생긴다. 또 산의 신맛은 짠맛을 억제하여 초기 에 짠듯했던 김치를 알맞게 만든다. 여기에 다시 자기소화에 의한 단맛이나 감 칠맛 성분이 향신료의 성분과 어울려 숙성에 관여하게 된다.

소금의 농도는 보통 3.5% 정도이나 겨울 김장용은 2~3%, 여름철에는 5% 정도가 적당하다. 소금에 너무 오래 절이거나 소금 농도가 너무 진하면 배추나 무의 단맛이 없어진다.

(5) 김치의 색깔

고추가 들어오기 이전부터 우리 조상들은 김치의 색깔을 보존하거나 착색하는데에 관심을 가졌다. 『규합총서』에 의하면 채소의 녹색을 보존하기 위하여 동전을 넣어서 클로로필 보존에 구리를 이용하였다고 한다.

『증보산림경제』에는 물김치류를 계관화(鷄冠花, 맨드라미)로 붉게 물들여 왔던 것으로 기록되어 있다. 맨드라미의 안토시안 색소가 젖산용액에서 붉게 고정된 것이다. 이와 같은 경험이 있었기에 매운 고추를 김치에 쉽게 이용할 수 있었을 것이다. 그밖에 감미류 겸 붉은 고명으로 이용되어온 대추도 김치의 색깔을 내는 역할을 했다.

3) 김치와 미생물

김치의 재료 중에는 야생적으로 존재하는 여러 가지 미생물이 있어 김치의 발효는 수많은 균이 관여하는 복합발효이다. 김치 발효에 관여하는 미생물은 호기성균과 혐기성균 그리고 효모들이며, 이 중 김치발효에 직접 관여하고 있는 혐기성 젖산균이 중요한 미생물이다.

[표 4-10] 김치 숙성 중 세균수의 변화

세균(종)	발효기간(일)							
	0	10	20	30	40	50	60	120
Pseudomonas marina	1.0×10^3	3.0×10^4	−	3.0×10^3	−	−	−	−
P. nigrifaciens		2.0×10^4	1.0×10^4	5.0×10^3	−	1.0×10^2	1.5×10^2	−
Bacillus macerans		−		−		1.0×10^2	4.0×10^2	
Leu. mesenteroides	4.0×10^3	5.0×10^4	4.8×10^5	−	2.5×10^7	−	5.6×10^6	−
Lac. plantarum		2.0×10^4		1.5×10^7	2.5×10^7	2.0×10^8	1.9×10^8	−
Lac. brevis		3.0×10^4	−	2.0×10^7	1.2×10^7	5.0×10^7	5.4×10^7	−
Str. faecalis			4.0×10^4	1.0×10^6	1.0×10^7			
Ped. cerevisiae		−		1.0×10^5	3.0×10^6	3.0×10^8	4.5×10^8	3.2×10^8

발효 초기에 호기성균이 증식하면 기질 내 산소의 분압이 감소된다. 그렇게 되면 생육에 낮은 산소분압이 필요한 혐기성균인 젖산균이 증식하여 산을 생성한다. 생성된 산에 의해서 pH가 저하되면 다른 균의 증식은 대부분 억제되나 내산성이 있는 균은 늦게까지 증식하여 산패를 유도한다. 발효후기에는 낮은 pH에서 내성을 갖는 효모가 젖산 등을 이용하여 기질의 pH는 6.0 이상으로 상승한다. 이때 부패성 효모군이 급격히 생장하며 균체에서 분비하는 펙틴분해효소에 의해서 김치가 연부된다.

이처럼 김치는 여러 미생물에 의한 복잡한 발효과정을 통하여 재료 중의 탄수화물, 아미노산 등으로부터 산미, 지미, 방향을 내는 저분자 물질들이 생성됨으로써 독특한 맛과 향을 갖게 된다.

김치 발효 중 미생물들의 변화를 보면, 발효 초기에 호기성 및 혐기성 세균이 함께 증가하였으나 혐기성 세균은 발효가 진행되면서 계속 증가되는 반면 호기성 세균은 이내 감소하였고 혐기성 세균이 발달하고 난 후에 효모가 자라면서 호기성 세균이 다시 증가한다. 김치를 양호한 상태로 먹을 수 있는 발효 범위는 젖산균이 주로 활동하는 발효 단계라고 보고 있다.

김치 발효에 관여하는 젖산균은 *Leuconostoc mesenteroides*, *Lactobacillus plantarum*, *Lactobacillus brevis*, *Streptoceoccus faecalis*, *Pediococcus cerevisiae* 등이다.

이들 중 발효 초기에 *Leuconostoc mesenteroides*가 많이 번식하여 각종 유기산과 탄산가스 등을 생성하면 김치 내용물을 산성화하고 혐기 상태로 만들어 줌으로써 호기성 잡균의 생육을 억제하는 중요한 역할을 한다. 발효 적숙기(pH 4.3 근처, 산도 0.6 근처)에 *Leuconostoc mesenteroides*의 수가 최대로 되고 그 때의 총 균수와 거의 일치한다.

또한 *Lactobacillus plantarum*은 내산성이 강한 균으로 발효 중기 이후의 김치 숙성과 산패에 밀접한 관계가 있는 것으로 보인다. 김치의 맛과 냄새에 좋은 영향을 주는 균은 *Leuconostoc mesenteroides*로 김치 발효에 높은 기여를 하는 젖산균이다.

4) 김치의 맛과 영양성분

김치의 맛은 소금의 짠맛과 고추의 매운맛을 기본으로 하여, 숙성과정에서 생성되는 감칠맛과 산미, 탄산미 등이 조화를 이룬 맛이다. 감칠맛과 산미는 재료 중의 효소와 미생물이 분비하는 효소에 의해서 채소, 육어류, 곡류 등의 성분들이 발효되어 생성하는 저분자물질들에 기인한다. 즉, 단백질에 의한 각종 아미노산과 당류에 의한 유기산 등에 의한 맛이다.

따라서 김치의 맛은 첨가한 향신료의 맛과 발효 중 생성된 유기산 및 유리아미노산 그리고 탄산가스에 의한다. 이들 물질 중 특히 중요한 것이 유기산이다.

김치 중에는 비 휘발성산으로 젖산, 호박산, 구연산 등 여러 가지 산들이 있으나 젖산이 대부분을 차지한다. 휘발성산으로는 개미산, 초산, 낙산 등이 있으며 그밖에 탄산가스가 상쾌한 맛을 준다.

유기산은 김치의 최적상태를 알려준다고 할 수 있다. 즉 김치의 상쾌한 맛을 주는 유기산으로는 젖산, 호박산, 초산 등을 들 수 있다. 대체로 젖산비가 높은 김치가 맛이 좋고 품질도 우수하다. 일반 김치의 젖산비는 85% 이상이고 품질이 아주 좋은 김치는 90~95%에 이른다. 낮은 온도에서 숙성시키면 젖산비가 높아진다.

김치의 유리아미노산은 첨가한 젓갈류와 육류, 어류 등으로부터 생성된다. 젓갈을 첨가한 김치의 유리아미노산 총함량이 젓갈을 첨가하지 않은 김치보다 더 많았으며, 특히 글루탐산, 라이신, 아스파르트산, 발린, 알라닌, 류신 등 주요 아미노산의 함량이 증가하였다[표 4-11].

[표 4-11] 김치의 주요 유리아미노산 함량(mg/g 김치)

아미노산	배추김치 (젓갈 넣지 않은 것)	배추김치 (10% 젓갈 넣은 것)
라이신(lysine)	0.21	1.10
히스티딘(histidine)	0.07	0.02
아르기닌(arginine)	0.29	0.40
트립토판(tryptophan)	0.22	0.12
아스파르트산(aspartic acid)	0.17	0.78
트레오닌, 세린(threonine and serine)	0.40	1.11
글루탐산(glutamic acid)	0.27	0.94
프롤린(proline)	0.11	0.24
글라이신(glycine)	0.07	0.22
알라닌(alanine)	0.52	0.86
발린(valine)	0.15	0.49
메티오닌(methionine)	0.02	0.16
이소루신(isoleucine)	0.10	0.30
류신(leucinex)	0.10	0.49
티로신(tyrosine)	0.08	0.12
페닐알라닌(phenylalanine)	0.07	0.22
총계	2.85	7.57

김치는 숙성 중 젖산균에 의해 김치재료 중 당분이 분해되어 유리당이 감소하므로 열량이 낮은 식품이다. 유리당으로 만노오스, 과당, 포도당, 갈락토오스가 있다.

김치는 비타민, 무기질, 식이섬유소의 공급원이라고 할 수 있다. 김치는 비타민 C의 좋은 급원(갓김치＞깍두기＞동치미＞배추김치)이며 비타민 B_1과 비타민 B_2도 들어있다[표4-12]. 이들 비타민은 숙성 적기에 가장 많으며 후기가 되면 감소한다. 또 원재료에는 거의 존재하지 않았던 비타민 K는 상당량, 비타민 B_{12}는 소량 합성된다. 김치의 무기질은 주로 칼슘, 인, 철분 등이다. 또 김치의 재료가 주로 채소이기 때문에 식이섬유소가 풍부하다.

[표 4-12] 김치류의 일반 성분

(가식부 100g 기준)

	종류\성분	배추김치	갓김치	깍두기	동치미	백김치	열무김치	오이소박이
일반성분	에너지(kcal)	25	51	39	16	42	34	35
	수분(g)	92.8	84.6	88.4	94.2	94.3	89.7	90.5
	단백질(g)	1.4	3.6	1.6	0.7	1.1	2.2	1.7
	지질(g)	0.2	0.4	0.3	0.1	0.5	0.6	0.9
	회분(g)	1.2	3.2	2.3	2.0	1.7	2.6	2.0
	탄수화물(g)	4.4	8.2	7.4	3.0	8.4	4.9	4.9
무기질	칼슘(mg)	64	125	37	18	33	99	31
	인(mg)	39	74	40	17	24	47	43
	철(mg)	0.8	1.4	0.4	0.2	2.5	5.7	5.7
	칼륨(mg)	196	175	400	120	151	336	287
	나트륨(mg)	232	282	596	609	498	621	532
비타민	A(R.E.)	47	37	38	15	9	208	114
	베타카로틴(μg)	281	224	226	88	55	1141	682
	B₁(mg)	0.09	0.21	0.14	0.02	0.01	0.17	0.05
	B₂(mg)	0.06	0.30	0.05	0.02	0.21	0.14	0.15
	나이아신(mg)	0.4	1.0	0.5	0.2	1.1	1.3	1.4
	C(mg)	7	45	19	9	0	0	0

*식품성분표 제8개정판, 농촌진흥청

김치 향기성분은 주로 설파이드(sulfide)계의 디메틸디설파이드(dimethyldisulfide), 디메틸트리설파이드(dimethyltrisulfide), 디프로필 디설파이드(dipropyl disulfide) 등이다.

김치의 색을 좋게 하기 위해 당근을 사용하기도 하는데, 당근은 비타민 C를 공급해 주는 작용을 하는 반면, 비타민 C를 산화하는 효소가 함유되어 있어 김치의 비타민 C를 파괴한다. 김치에서 당근을 10% 이하로 넣는 것이 비타민 C 파괴를 줄일 수 있다는 보고가 있다.

5) 김치의 저장

김치는 관여 미생물에 의해서 성분 변화가 계속해서 일어나고 있기 때문에 완숙기가 지나면 점차 산도가 올라가고 표면에 피막이 형성되며 연부(軟腐)현상이 일어나게 된다. 이러한 김치의 산패 현상은 젖산균이 생산하는 유기산에서 기인하기 때문에 산패를 억제하기 위해서는 세균의 발육을 조절하는 수밖에 없다. 따라서 김치저장의 관건은 김치 품질에 손상을 주지 않으면서 젖산균의 생육을 조절하는 것이다.

김치의 연부현상(softening)은 채소의 식물세포 간에 존재하는 펙틴질이 펙틴분해효소(polygalacturonase)에 의해서 분해되기 때문이다. 이 효소는 호기성 산막 미생물의 번식에서 생성된다.

숙성이 잘 된 김치의 품질을 그대로 보존하기 위해서는 젖산균 등 미생물의 작용을 억제해야 한다. 미생물의 작용을 억제하는 방법으로는 가열, 냉장, 방부제 처리, 방사선 처리 등을 들 수 있다.

가열 처리는 김치의 신선도가 손상을 입지 않는 한도 내에서 해야 하는 어려움이 있고, 방부제 처리는 김치 내의 미생물균이 복합적이어서 특정 약제에 대한 효과와 약제의 균일한 혼합 등이 문제가 되고 있다. 방사선 조사는 기호적, 영양적으로 별 문제가 없었다는 연구 결과가 있으나 발암물질이 생성될 염려가 있어 실용화되지 못하고 있다. 저온 저장은 신선도나 품질보전 면에서 유리하여 현재까지 김치저장법으로 가장 일반화된 방법이다.

김치의 맛과 영양가는 숙성온도와 보관온도에 따라서 달라지며 보통 5~7℃에서 2~3주 정도면 알맞게 숙성된다. 일반적으로 pH 4.6~4.2, 산도 0.6~0.8 정도가 김치의 맛도 좋고 비타민 C 함량도 가장 높으며 항산화, 항암 등의 기능적인 효과도 가장 크다. pH 4.0 이하가 되면 신김치로 취급되어 상품가치를 잃는다.

전통적인 김치저장 방법은 공기유통이 되는 항아리를 사용하는 것과 저온저장 방법이다. 김치 항아리는 좋은 재료와 정성을 다하여 만든 미세한 숨구멍이 있는 것이어야 김치가 적절히 발효될 수 있는 최상의 조건이 된다. 우수, 경칩이 지나, 땅이 풀린 직후의 흙을 빚어서 이른 봄에 구운 독이어야 잡내가 나지 않고 단단하다.

김치를 잘 관리하려면 얼지 않고 또 빨리 시지 않도록 해야 한다. 김치는 일정한 온도에서 저장되어야 적절한 발효가 이루어져 좋은 맛을 내고 오래 보관할 수 있다. 일반적으로 김치에 소금이 많이 들어가거나 온도가 낮으면 숙성이 늦어지고 반대로 보관할 때 온도가 높거나 소금농도가 약하면 발효가 너무 빨리 진행되어 맛이 들기도 전에 시어진다. 따라서『농가월령가(農家月令歌)』에서는 김치항아리를 땅에 깊이 묻어서 온도 변화를 막았다고 한다. 땅속은 온도 변화가 심하지 않아서 김치의 신선도가 지속될 수 있다[그림 4-13].

[그림 4-13] 땅에 묻은 김칫독

한편 여름철에는 흐르는 냉수에 항아리를 담가 두거나 우물 속에 항아리를 매달아 온도 변화에 주의를 기울였다. 대가족을 거느린 집안에서는 살림집의 부속건물로 김치광을 지어서 김치를 저장하였다.

또 김치의 산패를 막으려면 공기와의 접촉을 막아야 한다. 따라서 김치항아리에 김치를 단단히 눌러서 넣고 위에는 우거지를 얹어서 공기와의 직접적인 접촉을 막는다. 이때 김치 국물이 우거지 위를 덮을 정도로 올라오면 효과가 없다. 다시 항아리를 두꺼운 비닐로 봉하고 항아리 뚜껑을 덮어둔다. 이렇게 혐기적 조건으로 만들어 젖산발효를 효과적으로 유도하였다.

김치는 대부분 가정에서 직접 담아서 이용해 왔으나 1960년대 중반 파월장병을 위한 김치 통조림이 제조되면서 공장 생산이 시작되었다. 그 후 국민 소득의

증가, 도시인구의 급증, 주거 환경의 변화, 주부의 사회활동 참여, 가공식품 산업의 발달, 단체급식 수요의 증가 등으로 전통적 문화가 변하면서 김치의 공장생산이 급증하였다.

김치의 대량생산에서 문제가 되는 것은 역시 품질유지이고 이것을 위해서 저온저장을 비롯한 여러 가지 저장방법이 연구되고 있다. 김치에 키토산, 게 껍질, 양파, 녹차, 인삼, 솔잎 등을 첨가하여 보존기간을 연장하는 연구들이 있으나 일반화되고 있지는 않다.

저장방법 못지않게 포장 또한 중요한데, 김치 포장의 문제점은 발효 중 미생물이 생산하는 CO_2에 의해 포장 용기가 팽창하는 것이다. 이것을 방지하기 위하여 기체 투과성이 좋은 포장 재질을 사용하면 용기의 팽창은 막을 수 있어도 김치의 냄새가 배어 나와 김치의 맛과 향이 나빠지며 변색을 초래할 수 있다.

이에 반해 기체 투과성이 적은 재질을 사용할 경우 맛은 보존될 수 있으나 쉽게 포장이 팽창하여 파손되는 단점이 있다. 유리병의 경우도 맛은 보존되나 CO_2가 많이 발생하면 내부 압력의 증가로 뚜껑이 벌어져 국물이 흘러내리면서 개봉 시 내용물이 폭발음과 함께 튀어나오는 문제점이 있다.

이러한 CO_2 발생에 의한 용기의 팽창, 파손, 내용물 누출 등을 방지하기 위해서 CO_2 흡착소재를 사용한 포장재와 포장필름(MA필름)에 미세구멍을 내어 CO_2가 자동 배출되게 하는 포장방법 등이 개발, 이용되고 있다.

6) 김치의 식품학적 의의

김치는 발효과정 중 생성되는 유기산과 젖산균, 비타민 C, 베타카로틴, 플라보노이드, 클로로필 등에 의한 여러 효과로 항돌연변이, 항암, 항산화, 면역증강효과 등이 밝혀지고 있다. 그 외에도 풍부한 식이섬유에 의한 변비와 대장암 예방효과 등도 있어 훌륭한 기능성 식품으로 대두되고 있다.

(1) 맛과 영양의 향상

김치에 들어가는 채소는 자연계의 유산균에 의해 발효되어 각종 유기산, 알코올류, 아미노산들이 생성되어 생채소와는 다른 특유의 향과 맛을 내며, 날것으로 먹을 때보다 더 아삭아삭하게 씹히는 식감을 준다.

김치의 맛은 단맛, 신맛, 짠맛, 쓴맛의 기본적인 맛 외에 매운맛, 감칠맛, 떫은맛, 상쾌한 맛(탄산미) 등이 조화를 이루고 있다. 이 중에서 감칠맛은 깊은 맛을 내며 김치의 맛에 중요한 영향을 끼친다. 좋은 젓갈을 구해서 넣는 것, 신선한 어패류나 쇠고기 육수 등을 넣는 것도 감칠맛을 더하기 위한 방법이다. 감칠맛은 재료 중의 단백질이 분해되어 생성된 아미노산과 젓갈, 육류 등에서 나온 핵산 관련물질에 의한 맛이다.

김치의 중요한 맛인 신맛은 발효에 의해 생성된 젖산, 구연산, 초산 등의 유기산에 의한 맛이며, 상쾌한 맛은 발효 중 생성되는 CO_2에 의한 맛이다. 매운맛은 고추, 마늘, 파, 생강 등의 향신채소에 의한 맛이다. 짠맛은 소금, 단맛은 재료 중의 당류와 첨가한 설탕 등에 의한 맛이다. 쓴맛과 떫은맛은 재료 중의 쓴맛 물질과 탄닌 등에 의한 것으로 김치에서 미미하게 느껴지는 맛이다.

밥이 주식인 우리나라 사람들에게 김치는 다양한 영양공급원이다. 젓갈, 어패류 등 동물성 재료는 밥에서 부족한 단백질을 보완해주며 각종 채소류는 비타민과 무기질을 풍부하게 공급한다. 비타민 C를 비롯하여 비타민 B_1, 비타민 B_2, 비타민 B_{12}, 나이아신 등의 비타민류와 칼슘, 인, 철분, 나트륨 등 무기질이 함유되어 있어 인체의 생리기능 활성화에 도움을 준다.

또 갓, 무청, 파 같은 녹황색 채소를 많이 넣으면 비타민 A의 함량도 많아진다. 배추 등 채소의 녹색 잎에도 비타민 A가 상당량 들어있으므로 너무 많이 다듬어내지 않는 것이 좋다. 또한 채소가 주재료 식품이므로 식이섬유가 풍부하여 건강에 도움을 줄 뿐만 아니라 산독증을 예방하는 알칼리성 식품이며 저칼로리 식품이다.

(2) 소화작용과 정장작용을 도움

김치에는 일반 유산균 음료보다 유산균이 많으며 김치유산균 중에는 섭취 후 인체의 위액이나 담즙산에 대하여 저항력이 있는 균들이 많다. 무, 배추 등 채소류에 풍부하게 함유되어 있는 섬유질과 숙성 과정에서 생성되는 섬유질인 덱스트란(dextran) 등이 있다.

유산균과 섬유질은 장내에서 이상 발효를 일으키는 유해균의 번식을 억제하여 장내 부패를 막는다. 이렇게 하여 유해물질의 생성을 막고 비타민류를 생성하는 유익균의 번식을 왕성하게 하는 정장작용을 한다. 또 섬유질은 변비를 예방하고 장염이나 결장염, 대장암 같은 질병을 예방한다.

김치의 유산균은 위장 내의 단백질 분해효소인 펩신의 분비를 촉진하여 소화를 돕는다. 또 발효 중에 생성되는 각종 유기산, 알코올류 등은 식욕을 증진시킨다.

(3) 김치 재료의 약리작용

배추에 많이 함유되어 있는 질산염(nitrate, NO_3)은 김치 발효 중 아질산염 (nitrite, NO_2)으로 전환될 가능성이 있으며, 아질산염이 젓갈 등에서 유래되는 2급 아민과 반응하여 니트로사민(nitrosamine)이 될 수 있어 발암물질 생성이 우려 되어 왔다. 그러나 김치에서는 발효 중 젖산균과 비타민 C가 니트로사민 생성을 억제하므로 문제가 되지 않는다.

또한 십자화과 채소의 역학조사에 의하면 이들 채소가 위암을 예방하는 것으로 알려지고 있는데, 실제로 배추 및 갓의 푸른 부분에 많이 함유되어 있는 클로로필은 지방질의 자동산화를 방지할 뿐만 아니라 항돌연변이성 및 항암성에 직접 관련이 있다.

고추는 타액 중의 디아스타제(diastase) 활성을 높이고 위액 분비를 촉진하여 소화율을 높여준다. 고추에는 항돌연변이 효과 및 항암성이 있는 것으로 알려진 비타민 C와 베타카로틴이 많이 함유되어 있어 같은 효과를 기대할 수 있다. 실제로 고춧가루 추출물이 항돌연변이 활성이 있음이 확인되었다.

매운맛을 내는 캡사이신은 위액분비 촉진, 살균, 장관운동 항진, 면역세포 활성 증가, 에너지 대사 항진, 콜레스테롤 저하, 항산화, 항돌연변이, 항암, 혈압강하 등의 효과가 있다.

마늘의 매운맛 성분인 알라이신은 비타민 B_1과 결합하여 알리티아민(allithiamine)이 되어 비타민 B_1의 효과가 훨씬 더 큰 물질로 바뀐다. 알라이신은 콜레스테롤을 합성하는 효소의 활성을 억제시켜 동맥경화를 예방하고 치료하는 효과가 있다. 또한 마늘의 알라이신과 함황물질은 항돌연변이 효과도 있으며, 갈릭오일(garlic oil)은 지방산 산화 효소인 리폭시게나아제(lipoxygenase)의 활성을 저해하므로 마늘의 항산화효과를 기대할 수 있다.

생강에는 전분분해효소인 디아스타제가 들어있어 전분질의 소화를 도와준다.

또한 진저롤(gingerol), 진게론(zingerone), 소가올(shogaol) 등의 매운맛 성분이 항산화효과를 나타내고 있다.

(4) 김치의 항암 및 항돌연변이 효과

김치에 들어가는 고추, 마늘 등의 재료들이 생리활성기능을 가지고 있다는 것은 여러 연구에서 밝혀졌다. 이런 김치 재료들의 생리활성 기능이 발효된 김치에도 그대로 유지될 것이라고 짐작된다.

김치의 생리활성 기능에 대한 연구결과 김치 재료와 마찬가지로 발효된 김치도 항암효과가 있었으며, 특히 적당히 익은 3주(5℃) 째에 효과가 가장 컸다. 그러나 너무 짠 김치(NaCl, 10%)는 발암물질이 함께 존재하면 돌연변이 유발 가능성이 있으므로 주의해야 한다.

각종 암 중에서 대장암은 잘못된 식습관에 의해 발병하는 대표적인 암으로 꼽힌다. 역학조사에 의하면 일상식에서 십자화과 채소의 섭취 비율이 높은 국가나 지역에서 대장암으로 인한 사망률이 낮은 것으로 나타났다. 특히 김치 같이 십자화과 채소를 젖산 발효시킨 채소를 전통적으로 많이 섭취하는 지역에서 두드러졌다.

장내 미생물이 생산하는 효소 중 대장암을 유발하는 성분을 만든다고 알려진 베타-글루크로니다제(β-glucuronidase), 니트로리덕타제(nitroreductase) 등이 김치 섭취 기간 중에는 활성도가 감소하였으나 섭취하지 않을 때에는 본래 수준으로 되돌아갔다. 따라서 김치를 지속적으로 섭취했을 때에만 이러한 효과를 기대할 수 있으므로 김치를 매일 섭취함으로써 건강을 유지할 수 있다 하겠다.

요구르트의 유산균인 *Lactobacillus acidophilus*, *Lactobacillus bulgaricus*, *Lactobacillus casei* 등이 종양세포의 증식을 억제하며 항암효과 및 면역계를 활성화시키는 효과가 있다고 알려져 있다. 김치로부터 분리 동정된 유산균 *Leuconostoc mesenteroides*, *Lactobacillus plantarum* 등도 항돌연변이 및 항암활성이 있다. 또 김치 추출물을 이용한 항돌연변이 실험에서도 김치 추출물이 돌연변이 유발을 억제하는 것으로 나타났다.

(5) 김치의 항산화성 및 항노화성

김치재료에는 비타민 C, 카로테노이드, 페놀화합물, 함황물질, 클로로필 등의 항

산화성 물질이 존재하고 있으므로 이런 물질로 인한 항산화효과를 기대할 수 있다.

실제로 김치에도 이러한 물질에 의한 강한 항산화성이 있는데, 이것은 숙성적기에 가장 높고 과숙한 김치는 오히려 낮아진다. 김치 중에서도 갓김치의 항산화효과가 뛰어난데 이는 항산화물질이 배추나 무보다 갓에 더 많이 함유되어 있기 때문이다.

이러한 항산화물질의 항산화 작용은 일차적으로 식품의 품질유지 및 지방질의 과산화 방지에 직접 관여할 뿐만 아니라 여러 가지 생물학적 활성 특히, 항노화성, 항돌연변이성, 항동맥경화성 그리고 항암성에 직접 관련이 있다. 즉 항산화 물질은 활성산소, 유리라디칼, 과산화물질 등을 제거하거나 활성을 억제시켜 암, 동맥경화 등의 각종 질병과 노화를 방지하는 작용을 한다.

김치가 피부노화를 예방하며 유리기 생성은 억제하고 항산화계는 향상시켜서 결국 노화를 방지하는 효과가 있다는 보고가 있다.

(6) 혈중 지질 및 혈전 용해에 미치는 영향

콜레스테롤, 혈전 등은 동맥경화증을 유발할 수 있는 위험인자들이다. 김치의 재료인 배추와 고추, 마늘, 생강 그리고 유산균이 동물실험에서 혈액의 콜레스테롤을 감소시킨다는 결과가 있다.

사람에게 김치를 일일 300g씩 섭취하게 한 임상 실험과 동물실험 모두에서 LDL-콜레스테롤 감소 현상이 나타났다. 또한 고추의 캡사이신, 생강의 진저롤, 마늘 등은 혈전 용해기능이 있으며 김치에는 혈액응고를 유발하는 피브린을 분해하는 활성이 있다.

김치로 혈액응고와 혈액용해 작용을 조사한 바에 의하면, 혈액의 응고 시간을 단축시키고 응고된 혈액을 용해시키는 활성이 강해서 응고와 용해의 균형을 맞춤으로써 동맥경화증을 예방하는 효과가 있는 것으로 나타났다.

(7) 김치의 면역증강작용과 항균성

김치의 면역활성 증강작용을 살펴본 실험에서 김치추출물과 김치 젖산균이 면역세포 증식 속도와 특이항체 세포수를 증가시키는 등 다양한 면역 활성 증진효과를 나타낸다.

김치의 재료 중에는 항균작용을 하는 것으로 알려진 물질이 있으며 발효 중에 생성된 물질 중에도 항균성이 인정되는 것이 있다. 겨자와 고추냉이의 매운맛 물질인 알릴 아이소티오시아네이트(allyl isothiocyanate)는 김치재료인 배추, 무, 갓 등에도 함유되어 있는 것으로 항균작용을 하는 물질이며 또 마늘의 매운맛을 내는 알라이신도 항균작용을 한다.

김치 발효 중에 생성되는 초산, 젖산, 구연산 등의 유기산과 김치의 젖산균이 생산하는 박테리오신(bacteriocin)은 항균성이 있다.

또 김치의 젖산균은 대장 내에서 유해균의 성장을 억제하는 정장작용을 한다. 실제 김치의 유산균배양액이 조류 임상시험 결과 조류독감의 치료제로 효력이 있다는 연구결과가 보고되고 있다.

(8) 철분 흡수에 미치는 영향

철분은 가장 부족되기 쉬운 영양소의 하나로 선진국의 경우 전 인구의 약 20%, 개발도상국에서는 50~60%가 철분결핍성 빈혈증을 보이는 것으로 추산되고 있다.

이와 같이 철분결핍 현상은 비헴성 철분(nonheme-iron)의 체내 흡수 이용률이 낮은 것이 원인이다. 비헴성 철분의 흡수를 촉진시키는 인자는 비타민 C, 유기산(citric acid, malic acid, lactic acid), 함황아미노산(cystein), 매운맛을 가진 향신료, 대두발효제품 등이 알려져 있다.

김치에는 이와 같은 성분들이 다양하게 들어있어 철분 흡수를 도와줄 것으로 짐작할 수 있다. 실제 김치를 섭취하게 한 임상실험에서 체내 철분 상태가 호전됨을 관찰할 수 있었다.

(9) 김치와 사우어크라우트의 비교

김치의 주재료인 배추, 무를 비롯해서 양배추, 겨자, 브로콜리, 콜리플라워 등의 십자화과 채소는 저장성이 좋고 염장에 잘 견디므로 겨울철의 비타민과 무기질의 중요한 공급원이 된다.

김치와 사우어크라우트(sauerkraut 양배추절임, sauer:sour, kraut: cabbage)는 대표적인 십자화과 채소 발효식품으로 김치는 우리나라에서, 사우어크라우트는 유럽에서 겨울철 채소 저장식품으로 이용되어 왔다.

김치는 생리 활성이 있는 고추, 마늘, 생강 등의 부재료를 사용한다는 점에서 단순히 양배추를 소금절임한 사우어크라우트와 다르다. 따라서 김치는 영양생리학적으로 중요한 물질 즉, 비타민, 무기질, 섬유질, 유산균, 각종 발효 생성물(유기산, 알코올류, acetylcholine) 및 식물성 2차 대사물질 등이 사우어크라우트에 비해 풍부하다.

김치의 특징은 거의 모든 재료가 각기 다른 기능성을 가진 약용식물에 속하고 발효 중에는 유산균이 여러 가지 생리활성물질을 만들어 내어 복합적인 기능성을 나타낸다는 것이다. 또 김치의 젖산균은 인공위액과 담즙에 강력한 내성을 보인다. 이것은 김치를 오랫동안 부식으로 섭취해 온 식생활과 인분으로 채소를 가꾸어온 생활양식의 결과에서 비롯된 김치 젖산균의 특성으로 보인다.

이처럼 김치는 종합적인 식품으로, 앞으로 기능성이 강화된 다양한 김치제조와 저장방법, 포장기술 등이 발전한다면 고부가가치를 지닌 세계적인 음식으로 발전할 것으로 생각된다.

제 5 장

향신료

제1절 향신료

1. 고추

1) 식문화사적 배경 및 종류

고추(pepper)는 열대아메리카 원산으로서 페루에서는 2000년 전부터 재배되었다고 한다. 신대륙이 발견되면서 처음 알려지게 되었으며 유럽에 전래된 것은 15세기에 콜럼버스가 스페인으로 가져간 것이 처음이라고 한다. 스페인 사람들과 포르투갈 사람들이 16세기 중엽부터 동양 각지에 전파하여 17세기에는 동양에서 고추를 재배하게 되었다.

우리나라에는 임진왜란(1592~1598)을 전후해서 일본에서 들어왔다고 보고 있다. 고추에 관한 기록은『지봉유설(芝峰類說, 1614)』에 첫 기록이 있고 그 이후『산림경제』,『성호사설(星湖僿說)』등에 나오고 있다.

[그림 5-1] 고추 건조

고추는 열대지방에서는 다년생(多年生)이지만 온대지방에서는 일년생(一年生)으로 변이가 많은 초본이다. 매운맛과 건조의 난이에 따라 청과용(靑果用) 고추와 건과용(乾果用) 고추의 두 가지로 나눈다. 외래종은 신미종(辛味種) 또는 감미종(甘味種)으로 구분되는데, 우리 재래종은 신미종에 분류되지만 맛은 단맛과 매운맛이 적당하다. 따라서 우리 재래 고추는 매운맛 또는 신맛만 강한 외래종과 비교했을 때 음식에서 기분 좋은 자극을 주는 맛이다.

고추에는 매운맛이 적고 단맛이 있어서 샐러드 및 기타 조리에 흔히 쓰이는 스위트 페퍼(sweet pepper), 파프리카(paprika), 피망(piment) 등과 피클과 향신료로 이용되는 매운 청고추와 레드페퍼(red pepper) 등이 있다.

우리의 5000년 긴 역사 속에 고추가 들어온 것은 불과 400여 년 남짓인데도 고추 이용이 빠르게 확산되어 많은 음식에 고추를 넣을 뿐만 아니라, 고추의 특색을 살린 음식도 개발되고 있어 섭취량도 많다. 무엇보다도 우리 모두가 고추의 매운맛을 즐기고 있다.

고추는 음식의 매운맛과 색을 좋게 하고 식품의 저장을 연장시키며 아울러 비타민 등을 공급하는 등 중요한 영양식품의 하나가 되었다. 또한 우리나라 어디에서나 심고 거둘 수 있는 편리한 작물로 큰 환영을 받고 있다.

우리나라에서의 식품조리나 가공은 고추의 첨가로 그 면모가 완전히 바뀌게 되었는데, 특히 김치와 고추장의 탄생은 우리만의 고유한 식문화를 형성하게 하였다.

2) 고추의 성분

(1) 당

고추의 당류는 포도당, 과당, 자당, 갈락토오스 등이 유리당으로 존재하며 고추의 모든 부위에 들어 있다. 이들 당은 과피보다는 종자와 태좌에 함량이 더 많다. 그밖에 다당류로는 라피노스가 존재한다. 총당의 함량은 고추의 품종에 따라 차이가 크다.

당류는 고추의 건조과정에서 감소되는데, 이 중 포도당의 감소가 현저하며 특히 건조온도가 높을수록 감소되어 95℃에서는 약 65%가 감소된다.

(2) 유기산

유기산은 과실, 채소류의 정미성분에 중요한 역할을 하는 것으로 널리 알려져 있으며, 고추의 맛에도 이들 유기산의 함량이 큰 영향을 준다. 총산의 약 80%를 차지하는 대표적인 유기산은 사과산과 구연산이고 그 외 호박산 등이 있다.

(3) 아미노산

신선한 완숙 고추 중에는 16~18종의 아미노산이 있으며, 그중 글루탐산이 가장 많이 함유되어 있다. 그 외 아르기닌, 하이드록시프롤린(hydroxyproline), 아스파르트산 등이 많다. 유리아미노산 함량은 태반, 종자, 과피의 순으로 많이 함유되어 있다.

[표 5-1] 고추류의 일반 성분

(가식부 100g 기준)

성분	종류	붉은고추 (생것)	붉은고추 (마른것)	풋고추	청양고추	꽈리고추	오이고추	고춧잎
일반성분	에너지(kcal)	57	300	27	27	27	27	56
	수분(g)	84.6	15.5	92.6	91.7	91.7	91.8	81.8
	단백질(g)	2.6	11.0	1.4	1.6	1.9	1.5	4.4
	지질(g)	1.7	11.0	0.8	0.2	0.4	0.2	1.4
	회분(g)	0.8	7.9	0.5	0.6	0.6	0.5	3.1
	탄수화물(g)	10.3	50.6	4.6	5.9	5.4	6.0	9.3
무기질	칼슘(mg)	16	58	14	9	15	12	211
	인(mg)	56	230	39	30	43	28	55
	철(mg)	0.9	6.8	0.9	0	0.4	0.1	3.3
	칼륨(mg)	284	2930	162	386	163	289	805
	나트륨(mg)	12	56	9	14	11	13	4
비타민	A(R.E.)	1078	4623	-	1	129	0	764
	베타카로틴(㎍)	6466	27735	-	8	772	2	4581
	B₁(mg)	0.13	0.30	-	0.23	0.08	0.20	0.18
	B₂(mg)	0.21	1.10	-	0.05	0.04	0.03	0.32
	나이아신(mg)	2.1	12.5	-	0.5	1.3	0.5	2.3
	C(mg)	116	26	72	30	67	76	81

*식품성분표 제8개정판, 농촌진흥청

(4) 지질

고추씨 기름의 지방조성은 트리글리세라이드(triglyceride)가 76%로 대부분을 차지하고 있으며, 주요지방산은 리놀레닌산과 리놀레산, 올레인산이다. 일반 식물성기름에는 올레인산과 리놀레산이 주지방산인데, 고추씨기름에는 리놀레닌산이 가장 많은 것이 특이하다.

고추 과피에는 지질의 함량이 낮으나 고추씨에는 24~29%로 지질 함량이 많다. 이것은 해바라기씨(22%) 보다 많으므로 고추씨를 식용유로 이용을 확대하는 것도 바람직하다.

(5) 비타민

고추에는 비타민 A와 비타민 C가 풍부하다. 비타민 A는 카로틴으로 존재하며 비타민 C는 고춧잎에도 많다. 비타민 C의 대부분은 종자나 태좌보다는 과피에 편재되어 있다. 고추는 건조과정에서 비타민 C가 상당량 파괴된다.

(6) 색소

고추의 빛깔은 수십 종의 색소가 어울려 나타나는 천연의 빛깔이다. 미국의 쿠울 교수는 미국산 붉은 고추에서 31가지의 색소를 분리하였고, 한국산 붉은 고추에서 45가지 색소를 분리하였다. 고추는 이처럼 아주 많은 종류의 색소가 혼합되어 비로소 특유의 빛깔을 낸다는 것을 확인할 수 있다.

고추의 적색색소는 여러 가지 카로테노이드로 구성되어 있는데 적색색소인 캡산틴(capsanthin)과 황색색소인 베타카로틴, 크립토잔틴(cryptoxanthin) 등의 혼합체로 되어 있으며, 이 중 캡산틴이 34% 이상을 차지하는 주색소로 알려져 있다 [표 5-2].

고추는 감과 같은 다른 과일들이 건조 중에 색깔이 퇴색되어 본래의 색깔이 없어지는 것에 비해 본래의 색깔을 거의 지니고 있다. 식품 중의 카로테노이드 색소는 일반적으로 산화되기 쉬워서 쉽게 퇴색하는데 비하여, 고추의 카로테노이드 색소는 건조 상태에서 장기간 보존된다. 이것은 고추 속에 산화방지제인 캡사이신과 비타민 E가 많이 존재하기 때문이다.

[표 5-2] 고추 중의 카로테노이드(carotenoid) 함량

(%)

카로테노이드	푸른 고추(성숙)	빨간 고추(성숙)
베타-카로테노이드 (β-Carotenoid)	24.0	15.4
베타-크립토잔틴 F, M (β-Cryptoxanthin F,M)	9.1	12.3
크립토캡신 F (Cryptocapsin F)	−	5.1
루테인 F (Lutein F)	34.9	−
제아잔틴 M (Zeaxanthin M)	−	3.1
안테라잔틴 D (Antheraxanthin D)	−	9.2
비올라잔틴 F (Violaxanthin F)	14.8	7.1
캡산틴 F, M, D (Capsanthin F, M, D)	−	33.3
캡산틴 5,6-에폭시드 D (Capsanthin 5,6-epoxide D)	−	1.7
캡소르빈 D (Capsorubin D)	−	10.3
네오잔틴 F (Neoxanthin F)	17.1	2.0

* 주 F : free, M : monoester, D : diester

(7) 고추의 매운맛과 감칠맛

고추의 매운맛은 캡사이신과 디하이드로캡사이신(dihydrocapsaicin) 등의 혼합물에 의해 만들어지며 이 중에서 캡사이신이 가장 중요한 성분이다. 캡사이신 자체는 자극성이 강하고 사람을 비롯하여 그 밖의 동물에 심한 통증을 일으키며, 오랫동안 지속되면 통증 자극에 대하여 무감각해진다.

고추의 성숙 중 캡사이신 함량은 중간정도의 적변기에 가장 높으며 완전 적변이 됨에 따라 감소한다. 김치 숙성 중 캡사이신은 13일 경과 후 약 17% 정도 감소하며 가열 시 분해는 일어나지 않으나 함량은 감소한다.

고추의 매운맛은 부위에 따라 차이가 있다. 태좌(胎座)가 과피보다 열배나 더 매우며, 종자는 본래 맵지 않으나 조금 매운 듯 한 것은 태좌의 캡사이신이 묻어 있기 때문이다.

고추는 매운맛에 가려서 잘 느낄 수 없으나 단맛과 감칠맛이 있다. 고추에는 각종 당류에 의한 단맛이 있고, 베타인과 아데닌(adenine), 아미노산 등이 있어 감칠맛이 있다.

우리나라 고추는 외국산 고추보다 당분과 아미노산이 많다. 특히 일본의 다까노즈메는 우리 고추보다 세 배나 매우면서 당분은 반에 지나지 않는다. 좋은 맛을 내려면 맛 성분이 잘 조화되어야 한다.

과실은 당분과 산의 함량이 잘 조화되어야 청량한 맛을 내므로, 과실의 품질을 평가할 때에 흔히 당분과 산의 비율인 당산비(糖酸比)를 산출하여 평가하고 있다. 고추는 매운맛과 단맛이 잘 조화를 이루어야 한다. 외국에 거주하는 교포들이 한국산 고추를 찾는 것은 한국산 고추가 다른 나라의 고추에 비해서 맛이 조화롭기 때문이다.

3) 고추의 식품학적 의의

고추의 가장 특징적인 성분은 캡사이신으로 고추 이용에 많은 영향을 끼진다. 고추를 넣기 전의 김치는 백김치로 젓갈을 넣지 않았다. 김치에 젓갈을 넣어도 비린내가 나지 않는 것은 고추의 캡사이신이 젓갈의 비린내를 덮어주고, 젓갈 지방의 산패를 막아 주기 때문이다.

또한 고추에 함유된 비타민 E도 산화방지제로 젓갈의 산패를 막는 작용을 한다. 멸치젓이나 갈치젓을 넣는 경상도식 김치에는 고춧가루를 많이 넣는다. 따라서 김치에 고추를 넣은 것이 김치가 영양가 높은 우수한 식품으로 탈바꿈하는 계기가 되었다고 하겠다.

또 고추를 발효식품에 적당히 첨가하면 캡사이신에 의하여 젓산균의 발육이 좋아져서 김치에 젓산균이 많기 때문에 김치를 먹으면 일부러 유산균음료를 따로 먹지 않아도 좋다고 한다.

신미성분인 캡사이신은 위액의 분비를 자극하여 식욕증진과 소화력을 향상시킬 뿐만 아니라 칼슘의 소화흡수율도 도와준다. 따라서 곡류와 함께 섭취 시 곡류를 단독으로 섭취할 때 보다 전분의 소화율을 높여준다. 쥐의 사료에 5% 고추를 섞어 먹인 경우, 고추를 섞지 않았을 때보다 발육이 좋았고 소화기의 이상도 볼 수 없었다.

고추의 캡사이신은 살균, 살충작용을 한다. 고추를 첨가하지 않은 김치보다 고추를 첨가한 김치가 더 오랜 기간 동안 저장할 수 있는 것도 고추의 방부효과 때문이라고 할 수 있다. 고추의 캡사이신은 발암전구체의 생성을 저해하는 작용으로 암 발생을 억제한다. 또 유지의 산패억제 등 항산화작용이 있으며, 이 작용은

과피 부분에서 더 뚜렷한 효과가 있다. 또 에너지대사 특히, 체지방질의 분해 연소를 촉진하여 비만예방과 치료 기능이 있다.

고추에는 비타민 C가 다른 식품에 비해서 월등히 많다. 과일 중 비타민 C 함량이 많은 딸기나 키위보다 1.5배 정도 많고, 사과(부사)보다 2.4배, 귤보다 2~3배 많은 양이 함유되어 있다. 뿐만 아니라 고추의 비타민 C는 매운맛의 캡사이신 때문에 쉽게 산화되지 않아서 조리하는 동안에 손실이 적다. 또한 고춧가루는 아플라톡신(aflatoxin) B_1에 의한 돌연변이 유발능을 약 70% 정도 저해하기도 하는데, 이는 고춧가루 중의 비타민 C와 카로틴에 의한 항암효과 때문이다.

고추의 면역 기능성을 살펴본 결과, 고춧가루를 첨가한 식이군이 대조군 보다 항체 생성 세포수가 높았다. 따라서 고추의 면역기능 강화 효과를 기대할 수 있다. 옛날 민간에서는 씨를 뺀 말린 고추를 썰어 구두 속에 넣어 발을 따뜻하게 했으며, 목욕에 이용하면 동상과 방광염 예방에 특히 좋았다고 한다.

고춧가루는 저장 중에 온도가 높아짐에 따라 캡산틴과 캡사이신의 함량이 감소한다. 고춧가루를 혐기상태로 포장한 것보다 질소가스로 충전하여 포장한 것이 이들 함량의 감소가 적었다. 또 저장 온도가 높아질수록 갈변이 심해지며 이 경우도 질소가스 충전포장을 하면 갈변을 다소 방지할 수 있다. 따라서 고춧가루를 저장할 때엔 질소가스 충전포장을 하는 것이 좋다.

2. 마늘

1) 식문화사적 배경

마늘(garlic)의 원산지에 관해서는 여러 가지 설이 있으나 대개 서아시아와 중앙아시아 지방을 원산지로 추정하고 있다. 마늘은 고대에 이미 지중해 연안으로 전파되었으며 고대 이집트, 그리스, 로마시대부터 알려져 왔다. 유럽에서는 지중해 연안에 주로 분포하는데, 중국에 전파된 것은 기원전 2세기경으로 지금의 인도로부터 도입되었다고 한다.

이집트의 피라미드와 중국의 만리장성을 축조할 때 에너지와 강장을 위하여 인부들에게 양파와 마늘을 먹였으며, 그리스와 로마시대에도 병사와 운동선수에게 많이 먹었다고 한다. 또한 이탈리아의 베수비오 화산이 폭발한 후 발굴된 폼페이 유적에서도 까맣게 탄 양파와 마늘이 발굴되었다고 한다.

마늘은 고대로부터 유럽에서 만능 약으로 사용되었고 강장제로 여겨졌으며, 중국에서는 진정제로 사용되었다. 실제로 마늘즙은 살균력이 강하여 제 1,2차 세계대전 때 전쟁에서 즉석용 소독제로 사용했다고 한다.

마늘이 우리나라에 도입된 시기는 명확하지 않으나 『삼국유사』나 『삼국사기』에도 기록되어 있는 것으로 보아 재배 역사가 매우 오래된 듯하다.

『단군전설(檀君傳設)』에는 "곰이 마늘을 먹으면서 100일을 견디어 여자가 되었는데 이를 웅녀(熊女)라 하였고 환웅(桓熊)과의 사이에 단군을 낳았다."는 마늘설화가 전해져 오는데 이와 같이 마늘은 신령한 약을 상징했다. 무속에서는 마늘의 독특하고 강한 향기가 악귀나 액(厄)을 쫓는 힘을 상징하고 있다고 본다.

『본초강목』에는 "산에서 나는 마늘을 산산(山蒜), 들에서 나는 것을 야산, 재배한 것을 산(蒜)"이라 하였으며 "후에 서역에서 톨이 굵은 대산(大蒜)이 들어오게 되어 전부터 있었던 산을 소산이라 하였다."는 기록이 있다. 『동의보감』에는 "대산을 마늘, 소산을 족지, 야산을 달랑괴"로 구분하였다.

마늘을 가장 많이 섭취하는 민족이라면 단연 한국인을 꼽을 수 있다. 실제 통계를 보더라도 국민 1인당 연간 마늘 소비가 한국은 11kg, 스페인 5kg, 이집트 3kg, 태국 2kg, 기타국가의 경우 1kg 미만으로 우리 국민이 얼마나 마늘을 즐기는지 알 수 있다.

현재 마늘은 이탈리아를 비롯한 남유럽, 미국의 루이지애나, 텍사스 및 캘리포니아, 아시아의 한국, 중국, 일본, 인도, 서부 아시아 및 열대 아시아 전역, 그리고 아프리카와 오스트레일리아 등지에서 많이 재배되고 있다.

2) 마늘의 성분

(1) 일반 성분

한국산 마늘의 성분은 단백질이 5.4%, 비타민이 B_1이 0.15mg%로 다른 야채류에 비하여 단백질과 비타민 B_1이 많이 함유되어 있다.

마늘의 탄수화물은 주로 4당류 스코로도오스(scorodose, fructose의 축합물)이며 소량의 자당, 포도당, 맥아당 등이 함유되어 있다. 그 외 전분과 덱스트린이 있다.

[표 5-3] 마늘의 일반 성분

(가식부 100g 기준)

에너지 (kcal)	수분 (g)	단백질 (g)	지질 (g)	회분 (g)	탄수화물 (g)	무기질(mg)					비타민(mg)			
						칼슘	인	철	칼륨	나트륨	B_1	B_2	나이아신	C
136	63.1	5.4	0	1.5	30.0	10	164	1.9	664	3	0.15	0.32	0.4	28

*식품성분표 제8개정판, 농촌진흥청

마늘의 아미노산은 필수아미노산을 모두 함유하고 있으며 곡류 단백질보다 시스틴, 라이신, 히스티딘 등이 더 많이 들어있다. 마늘은 저장기간 동안 아미노산 함량에 큰 차이가 있는데, 1개월 저장 동안 약 41%가 감소한다. 또 마늘에는 장기 중의 유해중금속을 제거하는 물질로 알려진 미량금속원소 게르마늄(Ge, germanium)이 많이 함유되어 있다.

(2) 기능성 성분

알리티아민(allithiamine)

알라이신과 티아민의 결합물인 알리티아민은 활성형 비타민으로 비타민 B_1보다 흡수가 더 잘되며 혈액 중에 오래 남아있으므로 비타민 B_1의 효과가 지속된다. 또 비타민 B_1 분해효소인 아네우리나아제(aneurinase)에 의해서도 파괴되지 않는다. 알리티아민은 체내에 저장되어 있다가 서서히 티아민을 유리시키므로 티아민의 이용률을 높인다. 따라서 각기병, 신경성질환, 피로회복에 약용으로 사용된다.

스코르디닌(scordinin)

스코르디닌은 체내 신진대사를 촉진하여 강장효과를 내며 항스트레스, 항암 등의 작용을 한다.

아데노신(adenosine)

아데노신은 혈전의 응고를 촉진하는 피브린의 작용을 방해하여 심장병 등을 예방한다. 이 효과는 생마늘뿐만 아니라 조리한 마늘에서도 나타난다.

3) 마늘의 매운맛과 냄새

마늘의 냄새와 매운맛 성분은 황화합물인 알리인으로 아미노산의 일종이다. 알리인은 식물조직 내에 무취의 물질로 있다가 알리나아제(allinase)에 의해 알라이신과 디알릴디설파이드(diallyldisulfide) 등으로 가수분해 되는데, 이것이 냄새의 정체이다. 마늘을 썰거나 으깨면 세포가 파괴되면서 효소가 알리인에 작용하여 알라이신의 생성이 증가되어 냄새가 강하게 난다.

가열한 마늘에서는 효소가 파괴되어 이 작용이 거의 일어나지 않으며 따라서 마늘 특유의 냄새도 나지 않는다. 마늘의 냄새 성분은 음식의 좋지 않은 냄새를 없애고 음식의 맛을 돋우며 소화를 도와준다.

4) 마늘의 식품학적 의의

마늘은 5000년 이상의 인류역사에서 건강에 좋고 의학적으로도 효과가 많은 식품으로 애용되어 왔다. 고대의 이집트, 그리스, 로마, 인도 등 문화의 발상지에서는 마늘을 심장병, 결핵, 치통, 이뇨, 류마티스, 치질 등의 치료와 회충, 요충 등의 기생충 구제에 이용했고 뱀에 물린 데에 이용한 것으로 기록되어 있다. 고대 중국에서도 황달, 해독에 사용되었다고 한다.

우리나라의 경우 『동의보감』에 이질, 설사, 코피, 티눈, 악성 변비, 감기, 뱀에 물렸을 때, 충치와 치통, 게에 의해 발생한 식중독 등에 마늘을 찌거나 삶은 액을 복용하고, 외상에는 마늘을 찧어서 바르며, 치질에는 마늘대와 마늘잎을 태워서 그 연기를 쪼인다고 기술하고 있다.

일본에서는 '마늘만 있으면 의사가 필요 없다.'라고 했으며 러시아에서는 '러시아의 페니실린(penicillin)'이란 말이 전해지고 있어 질병치료에 대한 마늘의 효능을 일찍부터 인정하고 있었음을 알 수 있다.

오늘날 마늘은 혈압강하, 소화촉진, 거담, 살균, 해독, 노화억제, 강장, 항암, 치매예방, 항혈전 등의 작용을 한다는 것이 밝혀지고 있으며 실제 마늘을 원료로 한 의약품이 허가된 나라도 있다.

(1) 콜레스테롤 저하 및 혈압강하

중국은 수세기 동안 마늘을 혈압강하제로 사용했고 일본은 마늘이 혈압강하제라고 공식적으로 인정하고 있다. 생마늘을 많이 먹으면 혈압이 오르고 심장과 위를 자극할 수 있으나, 익힌 것이나 소량(한번에 2~3g)을 먹으면 혈중 콜레스테롤 수치를 낮추고 말초혈관을 확장시켜 혈압을 낮추어 준다.

하루 약 1g 정도의 마늘을 사람에게 투여한 결과 LDL-콜레스테롤과 중성지질을 약 60~70% 낮추었으며 HDL-콜레스테롤은 증가하였다. 이는 마늘의 스코르디닌, 펙틴, 이노시톨, 알라이신, 알리티아민 등에 의한 작용으로 추측하고 있다.

(2) 항균작용

중국에서는 오래된 음식을 먹거나 여행을 할 때 마늘을 가지고 다녔다고 하며 유럽에서는 콜레라와 같은 전염병이 유행할 때 마늘을 먹어 보호했다고 한다. 우리나라에서도 마늘죽은 산후풍을 막고 살균작용을 하는 것으로 믿어 왔다. 그만큼 마늘은 동서양을 막론하고 식중독과 전염병 예방에 효과가 있는 것으로 알려져 있었다.

마늘의 항균작용은 알라이신에 의한 것인데, 페니실린에 비교될 만한 강한 항균력을 가지며 우리가 사용하는 소독약보다 살균력이 강하다. 알라이신은 구조적으로 단백질과 결합하고 단백질을 변성시키기 때문에 세균이나 기생충의 체표면 단백질이 변성되어 살균, 살충효과가 생긴다.

마늘은 결핵균, 콜레라균, 이질균, 임질균, 포도상구균, 장티푸스 등에 대한 살균효과가 현저하다. 결핵의 경우 항생제가 나오기 전에는 마늘이 특효약이었다. 그러나 알라이신은 공기 중에 방치하면 디알릴디설파이드가 되어 항균력을 상실하므로 신선한 마늘을 씹어 먹는 방법 등으로 공기와의 접촉시간을 짧게 해야 한다. 또 조리에 의해서도 알라이신의 살균효과는 없어진다.

(3) 항산화작용

마늘에는 항산화작용이 있다. 즉, 마늘은 비타민 C나 유지의 산화를 현저하게 막는 작용이 있다. 마늘의 함황화합물은 유리라디칼(free radical)의 생성과 세포막의 지질 과산화를 저해하는 것으로 알려져 있다. 쥐를 이용한 실험에서 운동능력향상,

기억력 회복, 뇌경색 감소 등이 관찰되었다. 따라서 마늘은 노화방지 작용을 한다.

마늘과 함께 야채를 조리하면 야채의 비타민 C 손실이 적어지는데 이는 마늘의 신미성분인 디알릴디설파이드가 비타민 C의 산화를 보호하기 때문이다.

(4) 항암작용

마늘의 스코르디닌(scordinin)은 항암작용을 하는 것으로 알려져 있으며 마늘을 많이 먹는 중국과 이탈리아 사람들을 대상으로 조사한 결과 마늘이 위암예방에 효과가 있다고 한다.

마늘은 발암물질인 니트로사민(nitrosamine)의 합성을 억제하며, 아플라톡신에 의한 돌연변이 유발성을 억제한다. 또 초기 암세포 대사를 저해하고 암에 대한 면역력 증강작용이 있다. 마늘의 이런 암 억제효과는 황화합물의 작용이 크다.

(5) 항혈전작용

마늘의 스코르디닌, 알린, 알라이신 등이 가열, 조리하는 과정에서 변하여 생긴 물질을 아호엔(ajoene, 'ajo'는 스페인어로 마늘)이라고 한다. 이 물질은 혈액 응고 인자의 하나인 혈소판의 응집을 방지하여 혈전의 생성을 억제하는 효과가 있다.

미국의 Block 박사는 "아호엔(ajoene)은 항혈전제로 아스피린만큼 강력하다."라고 했다. 아스피린은 혈액의 응고를 억제하여 심장마비나 발작을 막는 가장 널리 알려진 혈액 응고방지제이다. 뇌나 심장 등의 혈관에 혈액이 응고되어 산소공급이 차단되면 뇌나 심장의 기능이 상실되는 치명적인 결과가 초래될 수 있다.

(6) 소화작용 촉진

마늘은 위와 장의 연동운동과 위액분비를 도와서 식욕을 증진시키고 소화작용을 돕는다. 또 변비의 예방과 치료에 효과가 있다.

(7) 스테미너 강화 효과

마늘은 체력보강과 피로회복 등의 강장제로 이용되고 있다. 마늘의 스테미너 강화 효과는 스코르디닌과 알라이신의 작용으로 보고 있다. 토끼에게 스코르디닌을 투여한 후 수영시간을 측정해 본 결과 대조군에 비해서 수영시간이 연장되었다고 한다. 뿐만 아니라 스코르디닌은 정자의 수를 증가시키고 근육수축의 증강 효과도 있다.

알라이신은 알리티아민으로 비타민 B_1의 효력을 증대시켜서 에너지 생성을 원활하게 하므로 스코르디닌과 더불어 스테미너 증진에 상승효과를 낸다.

(8) 기타

마늘의 스코르디닌과 알리티아민은 신경통을 진정시키는 효과가 있다. 마늘은 혈액순환을 촉진시키므로 환부에 붙이거나 마늘 달인 물을 마시면 치질의 예방과 치료에 효과가 있다.

또 치매예방에 효과가 있으며 스트레스에 대한 저항성을 높여주고 체내의 독소를 빨리 배출시켜 제거한다. 감기와 같은 호흡기질환에 가래를 제거하고 호흡을 편하게 해주는 등 치료효과가 있다.

마늘은 면역력을 강화한다. 에이즈 환자에게 마늘 추출물을 먹인 결과 면역세포의 활동이 증가하여 병세가 호전되었다. 마늘의 알라이신은 신경세포의 흥분을 조절하는 진정작용이 있어 불면증에 도움이 된다. 특히 마늘술이 더 효과적이다.

3. 생강

1) 식문화사적 배경

생강(새앙, 薑, ginger)은 인도, 말레이시아 등의 열대아시아가 원산지이고 중국에는 기원전 4세기경에 알려졌으며 춘추시대 때(B.C.481) 이미 사천성에 생강의 명산지가 있었다는 기록이 있다.

우리나라에는 고려 때 『향약구급방』의 약품 목록에 생강이 기록되어 있고 『음식디미방』에는 생강을 양념으로 넣는다고 기록되어 있다. 16세기에 스페인 사람이 생강을 자메이카에 옮겨 심었는데, 오늘날 자메이카산 생강은 향기가 높아 최고품으로 취급되고 있으며 인도산 생강도 유명하다.

생강은 예부터 약재로 많이 이용되었다. 한방 처방 중 거의 절반에는 생강이 약재로 들어간다. 날 생강은 구토, 기침, 열, 복부 팽창에 좋은 치료약이고, 찐 생강과 말린 생강은 복통, 요통, 설사에 이용되었다. 아프리카 사람들은 생강을 최음제로 먹으며, 뉴기니 여성들은 피임약으로 먹고 인도에서는 기침약으로 먹었다.

우리나라에서는 각종 음식과 김치를 만들 때 다져서 양념으로 넣는다. 생강을 주로 한 식품에는 생강정과, 생강편, 생강장아찌, 생강초, 생강엿, 수정과 등이 있다.

2) 생강의 성분

생강은 탄수화물이 전체 고형분의 약 70%를 차지하고 있으며 전분이 제일 많다. 그 외 칼슘, 철 등의 무기질과 비타민 B군, 비타민 C 등의 비타민이 함유되어 있다. 생강은 수증기로 증류되는 휘발성 향미성분과 비휘발성 매운맛 성분을 함유하고 있어 향신료로 애용되며 이 물질들이 생강의 유효한 성분들이다.

매운맛의 주성분은 진게론, 소가올, 진저롤 등이다. 방향성분인 정유(精油)는 1~2.7%가 함유되어 있으며, 그중에는 다수의 방향성분(zingiberene, zingiberol, camphene)이 함유되어 있다.

진게론은 동물실험에서 대량 투여하면 중추신경을 마비시키지만 미량 투여하면 식욕증진의 효과가 있다. 생강의 색소는 황색색소 쿠르쿠민(curcumin)이다.

[표 5-4] 생강의 일반 성분

(가식부 100g 기준)

에너지 (kcal)	수분 (g)	단백질 (g)	지질 (g)	회분 (g)	탄수화물 (g)	무기질(mg)					비타민(mg)			
						칼슘	인	철	칼륨	나트륨	B₁	B₂	나이아신	C
59	83.3	1.5	0.2	1.1	13.9	13	28	0.8	344	5	0.03	0.04	1.0	5

*식품성분표 제8개정판, 농촌진흥청

3) 생강의 식품학적 의의

(1) 살균작용

생강은 식중독균에 대해 살균, 항균작용이 있다. 생선초밥에 생강을 곁들이는 것은 식욕증진 뿐만 아니라 살균효과를 기대하기 때문이다. 또 생강은 티푸스균이나 콜레라균 등 병원성균에 대해서도 살균력이 있다. 이런 살균작용은 정유성분과 매운맛을 내는 진게론과 소가올 등의 영향이다.

(2) 소화촉진 작용

생강의 매운맛은 위액분비와 타액효소 디아스타제 작용을 촉진시켜 식욕을 좋게 하고 소화흡수를 돕는다. 생강에는 단백질분해효소가 들어 있어 단백질 소화를 도울 뿐만 아니라 육류 조리에 이용하면 육류를 연화시키는 작용을 한다.

(3) 항혈전 작용

생강은 혈액의 응고를 억제하는 식품으로 알려진 마늘이나 양파보다 항혈전 작용이 더 강하다. 즉 생강은 혈액 응고의 초기단계에서 혈소판 응집을 촉진하는 물질 트롬복산(thromboxane)을 혈액 세포가 합성하는 것을 막는 효과가 마늘이나 양파보다 뛰어나다. 생강의 항혈전 작용은 진저롤의 작용 때문이며 진저롤은 아스피린과 화학구조가 거의 비슷하다.

(4) 멀미방지 작용

홍콩에서는 오래전부터 배 멀미를 방지하기 위해서 생강을 먹었다고 한다. 실제 생강은 멀미약인 드라마민(Dramanine)보다 멀미를 방지하는 효과가 우수하다. 더구나 멀미약은 졸음이 오게 하지만 생강은 졸음이 오지 않는다.

(5) 기타

생강은 진통, 항염, 해열, 해독, 구토방지 작용이 있다. 또 혈중 콜레스테롤 저하 효과가 있으며 감기와 기침해소에 효과가 있다. 생강은 DNA 손상 억제 및 세포의 돌연변이를 방해하는 돌연변이 억제물질로서 뚜렷한 효과를 보여 암 억제 효과가 있다.

또한 리놀레산의 산화과정에서 생성된 슈퍼옥사이드 음이온(superoxide anion)과 과산화수소를 소거하는 능력도 있으며 항산화력도 뛰어나다. 고도불포화지방산을 다량 함유하고 있는 고등어를 냉동 저장할 때 생강즙을 처리하면 지질산패를 억제할 수 있고 지방산 조성의 변화를 감소시킬 수 있다.

(6) 생강의 이용

생강은 향신료로 주로 쓰이며, 생강차 또는 당에 절여 말린 편강으로 애용된

다. 또 생강주, 카레분, 소스 등으로도 이용되며 차 멀미를 해소시키는 약재로도
쓰이고 있다. 그 외 야채, 피클, 수프 등에 이용되며, 커피가루의 제조 및 과자류
와 음료(ginger ale 등)에 첨가된다. 또 브랜디, 포도주 및 기타 주류에도 넣으며
케이크(gingerbread)에도 사용된다.

참고문헌

• Duner-Engstron,M., Fredholn, B. B., Larsson, O., Lundbeng, J. M. and Saria, A. : Autonomic mechanisms underlying capsaicin induced oral sensations and salivation in man. J. Physiol., 373, 87 (1986)

• Haroun-Bouhedja F, Ellouali M, Sinquin C, Boisson-Vidal C : Relationship between sulfate groups and biological activities of fucans. Thromb Res, 100(3) (2000)

• Henry, C. K. and Emery, B. : Effect of spiced food on metabolic rate.Hum. Nutr. Clin. Nutr., 40C, 165 (1986)

• Janso, G., Hokfelt, T., Lundberg, J. M., Kiraly, E., Halasx, N., Nilsson, G., Terenius, L., Rehfeld, J., Steinbusch, H., Verhogstad, A., Elde, R., Said, S., and Brown, M. : Immunohistochemical studies on the effect of capsaicin on spinal and medullary peptide and monoamine neurons using antisera to substance P, gastrin/CCK, somatostatin, VIP, enkephalin, neurotensin and 5-hydroxytryptamine. J. Neurocytol., 10, 963 (1981)

• Kawada, T., Watanabe, T., Takaishi, T., Tanaka, T., and Iwai, K. : Capsaicin-induced beta-adrenergic action on energy metabolism in rats: influence of capsaicin on oxygen consumption, the respiratory quotient, and substrate utilization. Proc. Soc. Exp. Biol. Med., 183, 250 (1986)

• Kimura, S. and Lee, C. L Diet and Obesity(Bray, G. A. et. al. eds) p. 19 (1988)

• Limlomwongse, L., Chaitauchawong, C., and Tongyai, S. : Effect of capsaicin on gastric acid secretion and mucosal blood flow in the rat. J. Nutr., 109, 773 (1979)

• Nagy, J. I. : Handbook of Psychopharmacol., Vol. 15(Iverson, L. L., Iverson, S. P., and Snyder, S. H. (eds.), 185 (1982)

• Szolcsanyi, J. and Jancso-Gabor, A. : Sensory effects of capsaicin congeners I. Relationship between chemical structure and pain-producing potency of pungent agents. Arzneimittelforschung, 25,12 (1975)

• 岩井和夫, 中谷延二 : 香辛料成分の食品機能, 光生館 (1989)

• 伊藤三郎 : 과실의 科學, 朝倉書店, Japan (1994)

• 강국희 : 식품생명자원총서, 성균관대학교 출판부 (1997)

• 강사욱 : 김치유산균, 가금 바이러스성 질병을 노리다, 피드저널, 3, 10 (2005)

• 강인희 : 한국의 떡과 과줄, 대한교과서 (1997)

• 강호윤 : 두부제조의 이론과 실제, 고려서적 (1992)

• 고영수, 한희자 : 한국음식문화연구원논문집 (1995)

• 고정삼 : 식품가공학, 아카데미서적 (1987)

• 공하종 : 수산식 시대, 스포츠서울 (1991)

• 구영조, 최양신 : 김치의 과학기술, 한국식품개발원 (1990)

• 권영안, 이태규, 김종화, 정문웅 : 술과 전통식품, 훈민사 (2001)

• 권익부, 김원극 : 청국장의 혈전용해기능, 제2회 영남대학교 부설 장류연구소 심포지움 p.103 (1999)

• 권태완 : 콩이 지니는 기능성에대하여. 한국콩연구회지, p.36, 6 (1989)

• 금준석 : 전통 쌀가공품의 현대화 및 세계화, 한국식품영양과학회 추계산업심포지움, p.22 (2001)

• 김경은 : 명가집 내림손맛, 고려원미디어 (1997)

• 김기숙 : 한과류에 관한 연구 동향과 산업화를 위한 과제, 식품관련학회 연합 학술대회, p.88 (1999)

• 김기숙, 김향숙, 오명숙, 황인경 : 조리과학, 수학사 (1998)

• 김길환 : 쌀 가공식품의 개발 현황과 발전 방향, 동아시아식생활학회 춘계학술대회, p.27 (2000)

• 김길환 : 콩, 두부와 콩나물의 과학, 한국과학기술원 (1982)

• 김동호 , 송현파, 김기연, 김정옥, 변명우 : 된장의 혈전용해효소 활성과 미생물분포와의 상관관계, 한국식품영양과학회지, 33, 1 (2004)

• 김만조, 이규태, 이어령 : 김치 천년의 맛, 디자인하우스 (1996)

• 김미리 : 김치주재료(십자화과채소)의 황하합물과 항발암효소유도효과, 제 8회 부산대학교 김치연구소 심포지움, p.7 (1998)

• 김상무 : 멸치액젓의 기능성, 식품산업과 영양, p.9, 8 (2003)

• 김상순 : 식품가공저장학, 수학사 (1977)

• 김상순 : 한국전통식품의 과학적 고찰, 숙명여자대학교 출판부 (1985)

• 김소미, 김은희, 박세영, 최선혜 : 우리생선 이야기, 효일출판사 (2002)

• 김소희, 양정례, 송영선 : 청국장의 생리활성, 식품산업과 영양, 4(2), p40 (1999)

• 김순동, 김미향, 김일도 : 계껍질의 김치 보존성 향상효과, 한국식품영양과학회지, 25, 6 (1996)

• 김영명, 김동수 : 한국의 젓갈-그 원료와 제품, 한국식품개발연구원 (1990)

• 김영아, 이혜수 : 도토리 조전분 및 정제전분의 이화학적 특성, 한국조리과학회지, 3, 1 (1987)

• 김영희 : 두릅나무순의 saponin에 관한 연구, 효성여자대학교 박사학위논문 (1990)

• 김영희, 김영숙, 이경임, 신애숙, 박훈 : 구 소련(독립국가연합) 거주 한인들의 김치 이용의 실태에 관한 조사(1) 김치와 식생활, 한국식품영양학회지, 254, (1996)

• 김우정, 최희숙 : 천연향신료, 도서출판 효일 (2001)

• 김우준 : 수산화학, 세진사 (1987)

• 김익수, 이주익 :마늘낫토 식품의 제조방법, 특허공보, 1126, 5 (1985)

• 김재욱, 이택수, 김관유, 금종화 : 식품가공저장학, 광문각 (1998)

• 김창문, 허인옥 : 왕초피나무의 성분 연구, 생약학회지, 12, 1 (1981)

• 김한복 : 청국장 다이어트 & 건강법, 휴먼앤 북스 (2003)

• 김한복 : www.chungkookjang.com (2005)

• 김호식, 전재근 : 김치 발효 중의 세균의 동적변화에 관한 연구, 원자력원 연구논문집, 6, 112 (1966)

• 노완섭 : 한국산 침채류의 발효숙성에 관여하는 효모에 관한 연구, 동국대학교 대학원 (1980)

• 농촌진흥청, 국립농업과학원: 2011 기능성 성분표 아미노산

• 농촌진흥청, 국립농업과학원: 2011 식품성분표, 제8개정판

• 류기형 : 쌀의 여행, 도서출판 효일 (2002)

• 모수미, 이혜수, 현기순, 홍성야 : 조리학, 교문사 (2000)

• 문범수, 이갑상 : 식품재료학, 수학사 (1982)

• 문성원, 박성혜 : 청국장 가루를 첨가한 식빵의 품질 특성, 한국식품영양과학회지, 37, 5 (2008)

• 박복희, 조희숙, 김경희, 김선숙, 김현아 : 다시마 용매추출물과 다시마 분말첨가에 의한 매작과의 산화안정성, 한국조리과학회지, 24, 4 (2008)

• 박석규 : 전통콩식품의 발효기법에 따른 기능성 증진, 제32회 생명과학 학술심포지움 (2001)

• 박영호 : 수산식품가공학, 형설출판사 (1976)

• 박영호, 장동석, 김선봉 : 수산가공이용학, 형설출판사 (1994)

• 박원기 : 한국식품사전, 신광출판사 (1991)

• 박종철 : 기능성식품의 천연물과학, 도서출판 효일 (2002)

• 박종철 : 미나리과 식용식물의 기능성 및 이들의 플라보노이드 생리활성성분 해석, 한국식품영양학회 제51차 학술발표회, p3 (2002)

• 박현진 : 김치포장재료 및 포장법, 제9회 부산대학교 김치연구소 심포지움, p.11 (1999)

• 박혜원 : 한국 전통식품과 비만, 동아시아 식생활학회 추계국제학술대회, p.19 (2005)

• 박혜진, 김순임, 이윤경, 한영실 : 녹차의 첨가가 김치의 품질과 관능적 특성에 미치는 영향, 한국조리과학회지, 10, 4 (1994)

• 방신영 : 음식만드는법, 장충도서출판사 (1960)

• 백현동 : 김치 및 젓갈류의 건강 기능성, 한국식품과학회, 서울국제식품전 심포지엄, p.186 (2006)

• 변유량 : 전통 식품 가공기술의 혁신, 식품관련학회 춘계 연합학술대회, p.3 (1999)

• 변진원 등 : 응고제의 함량과 첨가물질이 두부의 특성에 미치는 영향, 한국 콩연구회지, 8, 15 (1991)

• 서은옥, 고승혜, 김광오 : 청국장 가루를 첨가한 머핀의 품질특성, 동아시아식생활학회지, 19, 4 (2009)

- 서혜경 : 우리나라 젓갈의 지역성 연구, 중앙대학교 대학원 (1987)
- 소명환 : 김치에서 분리한 저온성 젖산균의 특성, 김치의 과학, 한국식품과학회 심포지움발표논문집, p.62 (1994)
- 손미령 : 사과의 품질평가 자동화를 위한 근적외분광분석법의 응용, 경북대학교 박사학위논문 (1999)
- 손유미, 김광옥, 전동원, 경규황 : Chitosan과 다른 보조제 첨가에 따른 김치의 저장성 향상, 한국식품과학회지, 28, 5 (1996)
- 손태진, 김소희, 박건영 : 김치에서 분리한 유산균의 항돌연변이 효과, 김치의 과학과 기술, 59 (1998)
- 송영선 : 전통식품 및 소재의 항동맥경화 기능성, 제 8회 인제식품과학포럼, p.5 (2000)
- 송재철 : 식품재료학, 교문사 (1994)
- 신동화 : 전통 장류의 세계화 전략, 한국식품영양과학회 1차 산업심포지엄, P27 (2006)
- 신동화 : 장류의 건강 기능성, 한국식품과학회, 서울국제식품전 심포지엄, P154 (2006)
- 신애숙, 김영희, 김영숙, 이경임 : 구 소련(독립 국가 연합) 거주 한인들의 김치 이용 실태에 관한 조사 (Ⅱ) 김치 담금과 저장에 관한 사항, 동아시아식생활학회지, 7, 1 (1997)
- 안승모 : 쌀의 고고학적 고찰, 동아시아식생활학회 춘계학술대회, p.9 (2000)
- 오영주, 황인주, Claus Leitzmann : 김치의 영양생리학적 평가, 김치의 과학, 한국식품과학회 심포지움발표논문집, p.226 (1994)
- 오정미 등 : Lipoxygenase isoenzyme의 콩나물의 조리시 냄새와 맛에 미치는 영향, 한국조리과학회지, 4, 57 (1988)
- 오재영, 이원우, 김은아, 강나래, 안긴내, 이승홍, 전유진 : 미역귀 유래 후코이단의 면역증강 효과 탐색, 한국녹용학회지, 2, 2 (2016)
- 유태종 : 식품가공저장학, 문운당 (1970)
- 유태종 : 식품동의보감, 아카데미북 (1999)
- 윤덕인 : 동아시아 면류문화(麵類文化), 동아시아식생활학회 춘계학술대회, p.3 (2006)
- 윤서석 : 한국식품사, 신광출판사 (1984)
- 윤숙자 : 한국의 저장 발효음식, 신광출판사 (1997)
- 이갑상, 김동한 : 청주박을 이용한 저식염 고추장의 양조, 한국식품과학회지, 23, 109 (1991)
- 이갑상, 김동한, 문정옥 : 저염 고추장 제조시 에탄올 및 젖산 첨가 효과, 원광대학교 논문집, 20, 145 (1986)
- 이규순 : 충일건강이야기, 충일화학, 4, 3 (1996)
- 이기열 : 영양과학면에서 본 한국의 전래음식, 제 1회 인제식품과학 포럼, p.29(1993)
- 이동선, 서은수, 이광호 : 멸치액젓의 가공공정 및 포장에 대한 검토, 한국식품영약과학회지, 25, 5 (1996)
- 이봉기 : 된장의 면역증강 물질, 제2회 영남대학교 부설 장류연구소 심포지움 p.75 (1999)
- 이상인 : 본초학, 수서원 (1981)

• 이서래 : 한국 발효식품의 안전성, 제 5회 인제 식품과학 포럼, p.51 (1997)

• 이서래, 신효선 : 최신식품화학, 신광출판사 (1984)

• 이성갑 : 농산식품가공이용학, 유림문화사 (1992)

• 이성우 : 한국식생활사연구, 향문사 (1978)

• 이성우 : 한국식품문화사, 교문사 (1984)

• 이숙희, 공규리, 정근옥, 박건영 : 고지방 식이를 섭취한 흰쥐에서 고추장의 체중 및 지방조직과 혈청 내의 지질 감소 효과, 한국식품영양과학회지, 32, 6 (2003)

• 이슬 : 미역귀 유래 퓨코이단 및 이로부터 생산된 저분자 갈락토퓨코올리고당의 전립선암 세포에 대한 항암활성, 카톨릭대학교 생명공학과 석사 논문 (2014)

• 이유미, 서민환 : 쉽게 찾는 우리나무, 현암사 (2000)

• 이응호 : 수산가공학. 선진문화사 (1985)

• 이응호, 안창범, 김진수, 임치원, 이승원, 최영애 : 말쥐치잔사를 이용한 어간장 제조 및 정미성분, 한국영양식량학회지 p.326, 17 (1988)

• 이응호, 김세진, 조규대 : 한국연안 수산물의 영양과 건강. 유일문화사 (1997)

• 이준영, 황기섭, 유승란 : 국내, 외 포장산업 현황과 김치포장기술 사례, 한국식품저장유통학회지, 13, 2 (2014)

• 이진희 : 부재료가 김치 발효 특성에 미치는 영향, 김치의 과학, 한국식품과학회 심포지움 발표논문집, p.160 (1994)

• 이지호 : 한국음식론, 광문각 (2002)

• 이진희, 이혜수 : 양파가 김치발효에 미치는 영향(1), 한국조리과학회지. 8, 1 (1992)

• 이철호 : 한국 발효식품의 유래와 특징, 한국식품과학회 창립 30주년 기념 심포지움, p.133 (1998)

• 이철호, 이응호, 임무현, 김수현, 채수규, 이근우, 고경희 : 한국의 수산발효식품. 유림문화사 (1987)

• 이춘녕, 김우정 : 천연향신료와 식용색소. 향문사 (1995)

• 이한창 : 발효식품. 신광출판사 (1996)

• 이한창, 원민부 : 청국장의 신비. 신광출판사 (1995)

• 이현규 : 곡류의 건강기능성 및 베타글루칸의 생리활성 향상 연구, 한국식품과학회, 서울국제식품전 심포지엄, p.46 (2006)

• 이형주 : 장류의 항암효과, 제2회 영남대학교 부설 장류연구소 심포지움, p.53 (1999)

• 이효지 : 한국 떡류의 역사와 산업화과제, 동아대학교 생활과학연구소, 식품과학부 학술심포지엄, p.3 (1999)

• 임선영, 이숙희, 박건영 : 된장 메탄올 추출물의 인체 암세포 성장 억제 효과 및 DNA 합성저해 효과, 한국식품영양과학회지, 33, 6 (2004)

• 장경숙, 김미정, 김순동 : 인삼첨가가 배추김치의 보존성과 품질에 미치는 영향, 한국영양식량학회지, 24, 2 (1995)

• 장권렬 : 고농서를 통해 본 한민족과 콩, 한국콩연구회지, 6, 1 (1989)

• 장지현 : 김치의 역사, 담금 기법을 중심으로, 한국식품과학회, 김치의 과학 심포지움, p.1 (1994)

• 장지현 : 전통식품–그 유구한 역사와 찬란한 미래, 인제식품과학포럼, p.47 (1993)

• 장지현 : 한국전래 면류음식사 연구. 수학사 (1994)

• 장학길 : 식품정보, 신광출판사 (1999)

• 정대현 : 한국동식물도감, 문교부 (1985)

• 정동효 : 식품의 생리활성, 선진문화사 (1998)

• 정동효 : 암을 예방하는 식품, 유한문화사 (2000)

• 정동효, 정성아 : 식품의 생리활성과 건강기능식품, 도서출판 신일상사 (2004)

• 정동효 : 식품의 생리활성, 선진문화사 (1998)

• 정동효 : 콩의 과학, 대광서림 (1999)

• 정문웅 : 한국산 유종의 건강 기능성, 한국식품과학회, 서울국제식품전 심포지엄, p.76 (2006)

• 조배식, 이재준, 하진옥, 이명렬 : 머위의 이화학적 성분, 한국식품유통저장학회, 13, 5 (2006)

• 조순영 : 수산계 조미료의 생리활성과 산업화 전망, 제6회 인제식품과학포럼, p.55 (1998)

• 조재선 : 김치의 연구, 유림문화사 (2000)

• 조재선 : 식품재료학, 문운당 (1985)

• 조후종, 이춘자, 오성천, 서연희 : 식품이 약이 되는 증언들, 효일문화사 (1998)

• 주난영, 이혜수 : 녹두와 메밀 조전분의 이화학적 특성 및 겔형성, 한국조리과학회지 5, 2 (1989)

• 주영하 : 전통음식과 기술의 문화체계, 제7회 인제식품과학포럼 p.15 (1999)

• 주종재 : 고추의 신미성분인 capsaicin의 체지방 감소 효과, 김치의 과학과 기술, 6, p.148 (2000)

• 최선호 : 쌀, 김영사 (2004)

• 최세영, 정영진, 이순재, 지옥화, 제갈성아 : 현대인을 위한 식품과 건강, 동명사 (2002)

• 최무영, 최은정, 이은, 차배천, 박희준, 임태진 : 솔잎즙의 첨가가 김치의 발효 숙성에 미치는 영향, 한국식품영양과학회지, 25, 6 (1996)

• 최 청 : 장류의 생리활성과 산업화 전망, 제6회 인제식품과학포럼, 121 (1998)

• 최홍식 : 김치의 발효와 식품과학, 도서출판 효일 (2004)

• 최홍식 : 한국의 김치 문화와 식생활, 도서출판 효일 (2002)

• 최홍식 : 한국인의 생명, 김치, 밀알 (1995)

• 최홍식, 남주형, 김택제, 권태완 : 숭늉의 향기성분에 관한 연구Ⅱ, 숭늉 향기성분 중 pyrazine 및 carbonyl 화합물에 관하여, 한국식품과학회지, 7, 1(1975)

• 최홍식, 이영옥, 최영숙 : 김치 및 김치 재료의 항산화성, 김치의 과학과 기술, p93 (1998)

• 하태열 : 쌀의 기능성 성분과 영양적 가치, 창원대학교 학술행사, p.31(2003)

• 한국식품연구문헌총람(5), 한국식품과학회, p.19 (1992)

- 한국인의 영양권장량(7차개정), 한국영양학회 (2000)
- 한명규 : 최신식품학, 형설출판사 (1997)
- 한복려 , 정길자 , 한복진 : 궁중음식연구원 (2000)
- 한복진 : 정말 우리가 알아야 할 음식 100가지, 현암사 (1998)
- 한성호 : 식품비방-식물편, 행림출판 (1984)
- 한 억 : 전통음청류의 과학적 고찰, 제4회 인제식품과학포럼, p.31(1996)
- 한 억 : 전통식품의 산업화기술, 식품관련학회 연합 학술대회, p.53 (1999)
- 한응수 : 청과물 저장과 가공기술, 유림문화사 (1997)
- 한지숙 : 수출증대를 위한 김치의 고품질 및 기능화, 제 17회 부산대학교 김치연구소 심포지움, p.1 (2005)
- 허석, 이시경, 주현규 : 전통식품(청국장)으로부터 fibrin 용해 세균의 분리, 동정, 한국농화학회지, 41, 2 (1998)
- 허석현, 김민희 : 현대인의 건강과 건강보조식품, p.141
- 허필숙 : 조리원리, 지구문화사 (1996)
- 현영희, 구본순, 송주은, 김덕숙 : 식품재료학, 형설출판사 (2000)
- 홍주헌, 배동호, 이원영: 냉풍건조공정을 이용한 마른 오징어의 품질특성, 한국식품과학회지, 38, 5 (2006)
- 홍태희 : 현대식품재료학, 지구문화사 (2000)
- 황재희, 박정은 : 식품재료학, 도서출판 효일(2011)
- 황혜성 : 한국요리백과사전, 삼중당 (1976)

찾아보기

저자약력

김영희

• 前) 동원과학기술대학교 호텔외식조리과 교수

권선진

• 前) 김해대학교 호텔영양과 교수
• 前) 동해안 해양생물자원연구센터 선임연구원
• 現) 부산대학교 식품영양학과 외래강사

한국전통식품

발 행 일 ┃ 2007년 2월 7일 초판 발행
           2017년 4월 24일 개정판 발행
지 은 이 ┃ 김영희, 권선진
발 행 인 ┃ 김홍용
펴 낸 곳 ┃ 도서출판 효일
디 자 인 ┃ 에스디엠
주   소 ┃ 서울시 동대문구 용두동 102-201
전   화 ┃ 02) 460-9339
팩   스 ┃ 02) 460-9340
홈페이지 ┃ www.hyoilbooks.com
Email ┃ hyoilbooks@hyoilbooks.com
등   록 ┃ 1987년 11월 18일 제6-0045호
정   가 ┃ 14,000원
ISBN ┃ 978-89-8489-426-6